Émergence de la nouvelle classe moyenne dans la filière cacao au Cameroun

Abdoulay Mfewou

Title: Émergence de la nouvelle classe moyenne dans la filière cacao au Cameroun
Author: Abdoulay Mfewou
Publisher: Upway Books
ISBN: 978-1-917916-02-8
Cover designed on: www.canva.com

This book is a work of non-fiction. The information contained within is based on the author's research, experience, and knowledge at the time of publication. The publisher and author have made every effort to ensure accuracy and reliability, but they assume no responsibility for errors, omissions, or contrary interpretations of the subject matter. This publication is not intended as a substitute for professional advice or consultation. Readers are encouraged to seek appropriate professional guidance as needed.

For more information, visit:
www.upwaybooks.com
contact@upwaybooks.com

Table des matières

Résumé

Avec 600 000 cacaoculteurs (principalement des petits exploitants) et la montée en puissance de la nouvelle classe moyenne dans la filière, la campagne cacaoyère 2023-2024 au Cameroun a permis de produire 266 725 tonnes de fèves de cacao, marquant une augmentation de 1,17 % par rapport à la campagne précédente. Les prix ont atteint des niveaux record au cours de cette période. Les prix à la production ont oscillé entre 1 150 FCFA et 6 300 FCFA le kilogramme. Plus précisément, lors d'une opération de vente groupée dans la région Centre, le prix a atteint 7000 FCFA/kg. Ces prix sont nettement supérieurs à ceux observés dans les autres grands pays producteurs. En Côte d'Ivoire, par exemple, le prix garanti aux producteurs a été fixé à 1 800 FCFA/kg pour la campagne d'octobre 2024 à mars 2025. La superficie totale dédiée à la culture du cacao au Cameroun est estimée à 400 000 hectares, répartis dans plusieurs régions du pays, principalement dans les zones du Sud-Ouest, du Littoral et de l'Ouest. Le Cameroun cultive deux variétés principales de cacao : Le Forastero : C'est la variété la plus cultivée, en raison de sa résistance et de son rendement. Trinitario : Variété hybride, plus appréciée pour sa qualité supérieure, mais moins répandue. La production annuelle de cacao au Cameroun a atteint environ 292 000 tonnes au cours de la campagne 2020-2021. Cela place le pays parmi les plus grands producteurs de cacao en Afrique, après la Côte d'Ivoire et le Ghana. Le rendement moyen à l'hectare au Cameroun est relativement faible, de l'ordre de 375 kg/ha. Ce chiffre est bien inférieur au potentiel de rendement théorique, qui peut atteindre 2 500 kg/ha avec des pratiques agricoles optimisées et des investissements dans la gestion des plantations. Le politique camerounais a lancé un plan de relance visant à doubler la production de cacao et à atteindre une production annuelle de 900 000 tonnes d'ici 2030. Le plan prévoit la distribution de plants améliorés, des investissements dans la recherche, ainsi que des mesures visant à lutter contre la déforestation et à améliorer la durabilité du secteur. Le secteur du cacao au Cameroun est confronté aussi à des défis tels que le régime foncier, le vieillissement des vergers, la faible productivité et les conditions de vie précaires des producteurs. Quelque 69 % des producteurs de cacao vivent en dessous du seuil de pauvreté, malgré des revenus supérieurs à ceux de la Côte d'Ivoire et du Ghana. L'industrie du cacao au Cameroun est un secteur stratégique pour l'économie, avec un grand potentiel de croissance, mais fait face à des défis liés à la productivité, aux conflits fonciers, au vieillissement des plantations et aux conditions socio-économiques des producteurs. Depuis 2020, le Cameroun a connu une augmentation de la classe moyenne (25 %) qui reste encore faible par rapport à la classe ouvrière. Cette tendance est cohérente avec les observations dans le domaine économique : la part des classes moyennes définies sur la base du revenu agricole a augmenté dans la cacaoculture entre le milieu des années 2000 et le milieu des années 2024-2025.

Introduction

La notion de classe moyenne désigne la population située au centre de l'échelle sociale avec un revenu considérable. Elle est utilisée comme indicateur pour évaluer l'évolution économique et sociale d'un pays. Dans les filières agricoles, le secteur du cacao reste l'un des piliers de l'économie camerounaise, représente une source importante de revenus pour les ruraux et un facteur clé de l'agriculture du pays (Alary et Boussard, 2025). Le Cameroun est actuellement le quatrième producteur mondial de cacao en termes de volume et l'un des premiers producteurs africains, derrière la Côte d'Ivoire, le Ghana et le Nigeria (Foko, E. 2025 ; Cilas, C., 2001). En 2020, le pays a produit environ 290 000 tonnes de cacao, ce qui représente une part importante de la production agricole totale. Selon les chiffres de la Banque mondiale, le cacao génère environ 1,3 milliard de dollars d'exportations annuelles, ce qui en fait l'un des produits agricoles les plus exportés du pays.

Malgré sa position stratégique dans l'économie, le secteur du cacao au Cameroun a longtemps été caractérisé par des conditions de travail précaires et une faible rémunération des producteurs de moins de 100 mille franc par campagne (Lescuyer et al, 2024 ; Gentils, L. 2023). En 2020, quelque 60 % des producteurs de cacao vivaient dans la pauvreté, selon les rapports de l'Organisation internationale du travail (OIT). Les producteurs dépendent largement des fluctuations des cours mondiaux du cacao, ce qui contribue à l'absence de stabilité économique dans les zones rurales. Ces conditions limitent souvent l'accès aux biens et services de base, créant des inégalités sociales marquées entre les communautés rurales et urbaines.

La superficie consacrée à la culture du cacao au Cameroun est estimée à environ 400 000 hectares, répartis dans sept des dix régions du pays. Cette culture concerne environ 600 000 producteurs et près de 8 millions de personnes vivent directement ou indirectement de l'économie cacaoyère (Nkamleu et al,. 2025). La production de cacao représente environ 25 % de la valeur totale des exportations du pays. En 2020-2021, les exportations de cacao ont atteint 292 000 tonnes, faisant du Cameroun le 4e producteur mondial et le 3e en Afrique, après le Ghana et la Côte d'Ivoire.

Ces dernières années, un changement notable s'est produit au sein de l'industrie, avec l'émergence d'une nouvelle classe moyenne parmi les producteurs de cacao. Ce phénomène est principalement lié à l'amélioration des pratiques agricoles, à la modernisation des techniques de culture et à un meilleur accès au financement. Le nombre de producteurs capables de générer des revenus suffisants pour atteindre un statut socio-économique proche de la classe moyenne a considérablement augmenté, notamment grâce aux programmes de soutien de pouvoir public et à l'amélioration des infrastructures dans les zones de production.

En 2020, 30 % des cacaoculteurs bénéficient d'un financement, principalement par le biais de microcrédits, ce qui leur permet d'améliorer substantiellement leurs revenus (Cerny, C. 2024). En outre, des programmes tels que le Fonds spécial d'appui aux producteurs agricoles (FSAPA) ont facilité l'accès des producteurs à des intrants agricoles modernes, tels que des semences de meilleure qualité et des équipements améliorés.

D'un point de vue socio-économique, une étude réalisée par l'INSEE au Cameroun en 2021 a révélé qu'en moyenne, les producteurs de cacao les plus performants génèrent un revenu annuel de 2,5 à 3 millions de FCFA (environ 4 500 à 5 500 USD), un niveau de revenu qui les place au seuil de la classe moyenne dans les zones rurales du pays. En comparaison, avant 2010, la majorité des producteurs se situaient en dessous du seuil de pauvreté, gagnant moins de 1 million de FCFA par an (moins de 2 000 USD).

Les zones de culture du cacao, notamment dans les régions du Sud-Ouest, de l'Ouest et du Centre du pays, s'urbanisent progressivement sous l'effet de cette nouvelle dynamique socio-économique. Ces régions, autrefois marquées par des infrastructures précaires, bénéficient progressivement de projets d'infrastructures soutenus par les revenus générés par l'industrie du cacao. Selon les données du ministère de l'agriculture 40 % des villages producteurs de cacao de ces régions ont connu une amélioration significative des infrastructures routières, facilitant l'accès aux marchés et le transport des produits vers les centres urbains.

Actuellement, l'émergence de cette nouvelle classe moyenne dans le secteur du cacao repose sur plusieurs facteurs clés : Les améliorations techniques dans la production de cacao ont permis une augmentation de la productivité. Selon le Programme national du cacao, les rendements ont augmenté de 30% entre 2015 et 2020, permettant aux producteurs de générer des revenus plus élevés. Le développement des services financiers, notamment de la microfinance, a permis à un nombre croissant de producteurs d'accéder à des financements pour moderniser leurs exploitations. Plus de 20% des producteurs bénéficient désormais de crédits agricoles à faible taux d'intérêt, facilitant l'achat d'équipements modernes et d'intrants agricoles de qualité (Conaprocam, SCOOPS CA, SCPT2CSOCOO, LAMOCAM-COOP-CA…).

La création de coopératives et de groupements de producteurs a renforcé le pouvoir de négociation des producteurs avec les transformateurs et les exportateurs, leur permettant d'obtenir de meilleurs prix pour leur cacao. L'émergence de cette classe moyenne dans le secteur du cacao représente un phénomène social et économique important pour le Cameroun, avec des implications pour la structuration des classes sociales, le développement des zones rurales et la politique économique nationale. Cependant, cette évolution reste relativement peu explorée dans la littérature sur le développement économique du Cameroun et de l'Afrique en général. La question de l'émergence de nouvelles classes sociales en Afrique, notamment dans les secteurs agricoles, mérite d'être approfondie. Dans cet ouvrage, nous avons analysé les dynamiques socio-économiques de l'émergence de cette classe moyenne dans la filière cacao, en étudiant les facteurs et les mécanismes qui permettent à certains producteurs de sortir de la pauvreté et de rejoindre les rangs de la classe moyenne. Nous avons évalué les impacts sociaux et économiques de cette émergence sur les communautés rurales, les inégalités de développement et la structuration des rapports de classe au Cameroun.

À travers notre analyse, ce livre répond à quelques questions importantes : Quelles sont les caractéristiques socio-économiques des producteurs de cacao qui parviennent à intégrer cette nouvelle classe moyenne ? Quels sont les défis et les opportunités auxquels ces producteurs sont confrontés ? Enfin, comment ces dynamiques contribuent-elles à la transformation sociale des communautés rurales du Cameroun et au développement économique global du pays ?

Cet ouvrage contribue à une meilleure compréhension des processus de développement rural au Cameroun et en Afrique, tout en apportant des éléments de réflexion sur la manière dont l'agriculture peut contribuer à la réduction de la pauvreté et à l'émergence de nouvelles classes moyennes dans les pays en développement.

L'industrie du cacao au Cameroun, l'un des secteurs agricoles les plus emblématiques du pays, a longtemps été synonyme de pauvreté et de conditions de vie précaires pour ses producteurs. Cependant, depuis quelques années, une transformation notable semble s'opérer : un nombre croissant de producteurs, autrefois confinés dans des situations économiques difficiles, parviennent à sortir de la pauvreté pour atteindre un statut socio-économique intermédiaire, voire de classe moyenne. Ce phénomène est marqué par une augmentation des rendements, une meilleure structuration des coopératives, un plus grand accès au financement et une modernisation des techniques de culture et de production.

Cette évolution soulève aussi un certain nombre de questions fondamentales qu'il convient d'approfondir. Tout d'abord, quels sont les facteurs qui expliquent l'émergence de la classe moyenne dans le secteur du cacao ? Est-elle uniquement le résultat de politiques publiques ciblées, telles que l'appui à l'accès au crédit et à la formation, ou résulte-t-elle également de dynamiques plus larges liées à la mondialisation, à la transformation des marchés agricoles et à l'évolution des pratiques culturales ?

Et comment cette nouvelle classe moyenne redéfinit-elle les relations sociales dans les zones rurales du Cameroun ? En particulier, quelles sont les implications sociales de cette transformation pour les communautés rurales, traditionnellement dominées par des structures sociales plus égalitaires et communautaires ? L'émergence de cette classe sociale modifie-t-elle les hiérarchies sociales, les relations de genre et les formes de pouvoir et de leadership au sein des villages de producteurs ? L'accaparement des terres par la nouvelle bourgeoisie accentue-t-il le problème foncier dans les bassins de production ?

Enfin, au-delà de l'aspect social, cette ascension économique du secteur du cacao est-elle durable à long terme ? Les cacaoculteurs de la classe moyenne sont-ils réellement en mesure de sécuriser et de stabiliser leurs conditions économiques face à des défis tels que la volatilité des prix du cacao, les risques liés au changement climatique et la durabilité environnementale de la production ? L'impact des politiques agricoles et des mécanismes de financement actuels est-il suffisant pour garantir une croissance stable et inclusive dans le secteur du cacao, ou des ajustements sont-ils nécessaires pour assurer la durabilité de cette classe émergente ? Ces questions soulèvent un problème global : comment le secteur du cacao, principal moteur économique du Cameroun, contribue-t-il à la création d'une nouvelle classe moyenne dans les zones rurales, et quels sont les enjeux sociaux, économiques et politiques pour le pays ? Cette problématique soulève donc plusieurs sous-questions clés :

Quels sont les facteurs socio-économiques qui ont facilité l'émergence de cette classe moyenne au sein de l'industrie cacaoyère ? Quel est l'impact de cette émergence sur la structure sociale des communautés productrices de cacao ? Quelles sont les opportunités et les défis pour les membres de cette nouvelle classe moyenne, en termes de durabilité économique, de mobilité sociale et de durabilité ? Comment les politiques publiques actuelles soutiennent-elles ou entravent-elles cette émergence, et quelles sont les perspectives d'avenir ? Ces questions ont nécessité une analyse détaillée des processus sociaux et économiques qui influencent cette dynamique, ainsi qu'une évaluation de ses effets sur la société camerounaise dans son ensemble. L'objectif de cet ouvrage est d'apporter une compréhension approfondie de ces phénomènes, et de fournir des éléments d'analyse pertinents pour la gestion de la filière cacao et les politiques de développement rural au Cameroun.

Objectif de l'ouvrage

L'objectif principal de cet ouvrage est d'analyser l'émergence d'une nouvelle classe moyenne au sein de la filière cacao au Cameroun, en identifiant les facteurs socio-économiques qui facilitent cette transformation et en étudiant ses implications pour les communautés rurales et l'économie nationale. Plus spécifiquement, notre travail a cherché à atteindre les objectifs suivants: Nous avons identifié et caractérisé les acteurs de la nouvelle classe moyenne dans la filière cacao.

Nous avons décrit les profils socio-économiques des producteurs de cacao qui ont atteint le statut socio-économique de classe moyenne. Nous avons identifié les catégories d'acteurs contribuant à cette émergence, tels que les petits producteurs, les négociants, les transformateurs et les entrepreneurs locaux impliqués dans la chaîne de valeur du cacao.

Nous avons étudié les mécanismes et les pratiques qui ont permis à ces producteurs d'améliorer leur niveau de vie, notamment l'accès à la terre, le financement, l'utilisation de techniques agricoles modernes et la structuration de coopératives. Nous avons analysé les facteurs socio-économiques et structurels qui ont facilité l'émergence de la classe moyenne. Nous avons identifié les facteurs économiques (accès à la terre, accès au crédit, modernisation des pratiques agricoles, investissement dans les infrastructures rurales) qui ont contribué à l'accession des cacaoculteurs à la classe moyenne. Nous avons analysé le rôle des politiques publiques, des initiatives privées et des mécanismes de financement (microcrédit, subventions agricoles, coopératives) dans ce processus de transformation.

Nous avons étudié l'impact de la mondialisation du marché du cacao sur les producteurs locaux et les effets de la fluctuation des prix mondiaux sur les trajectoires sociales des producteurs. Nous avons étudié l'impact social de l'émergence de cette classe moyenne sur les communautés rurales. Mais nous avons également examiné les changements dans les relations sociales au sein des communautés productrices de cacao, notamment en termes de hiérarchies sociales, de leadership et de relations de genre. Nous avons évalué les transformations des modes de vie des membres de cette classe moyenne émergente, notamment en termes d'éducation, de santé, de logement et d'accès à de nouveaux biens et services. Nous avons évalué la durabilité et la pérennité de cette classe moyenne dans le secteur du cacao. Nous avons analysé les défis économiques, environnementaux et sociaux auxquels sont confrontés les membres de cette nouvelle classe moyenne, notamment la volatilité des prix du cacao, les risques liés au changement climatique et l'accès aux marchés internationaux.

Nous avons évalué la résilience des pratiques agricoles et la durabilité des modèles économiques des producteurs de cacao dans un contexte mondial marqué par la transition vers une économie verte et les préoccupations écologiques. Nous avons étudié l'impact de cette classe moyenne émergente sur l'économie locale et nationale, notamment en termes de consommation, d'investissements locaux et de création d'emplois. Ces objectifs visaient à analyser en profondeur les dynamiques socio-économiques qui sous-tendent l'émergence de cette nouvelle classe moyenne dans la filière cacao, et à mettre en évidence les implications de ce phénomène pour le développement des communautés rurales et pour l'économie nationale du Cameroun.

Dans le cadre de notre travail sur l'émergence d'une nouvelle classe moyenne dans la filière cacao au Cameroun, nous avons développé aussi plusieurs hypothèses pour guider notre analyse des phénomènes sociaux et économiques associés à cette transformation. Ces hypothèses, basées sur une revue de la littérature et des observations préliminaires, sont les suivantes : 1. Hypothèse principale : L'émergence d'une nouvelle classe moyenne dans le secteur cacaoyer est le résultat d'une combinaison de facteurs économiques, sociaux et politiques. Sous-hypothèse 1.1 : L'amélioration des pratiques agricoles, notamment la modernisation des techniques culturales et l'adoption de nouvelles variétés de cacao, a permis d'augmenter les rendements et, par conséquent, les revenus des cacaoculteurs, facilitant ainsi leur accès au statut de classe moyenne. Sous-hypothèse 1.2 L'accès au financement, à travers les crédits agricoles, les microcrédits et les subventions publiques, a joué un rôle clé dans l'amélioration des conditions économiques des producteurs et dans la consolidation de leur accession au statut de classe moyenne. Sous-hypothèse 1.3 : Les politiques publiques et les initiatives privées, telles que la création de coopératives, l'accès aux infrastructures rurales et la structuration de la chaîne de valeur du cacao, ont contribué à l'émergence de cette classe sociale intermédiaire.

2. Hypothèse sociale : L'émergence de cette nouvelle classe moyenne transforme les relations sociales au sein des communautés rurales productrices de cacao. Sous-hypothèse 2.1 : L'accession des producteurs à la classe moyenne a modifié les hiérarchies sociales au sein des communautés rurales, entraînant une modification des structures de pouvoir locales et des relations intergénérationnelles. Sous-hypothèse 2.2 : L'émergence de cette classe moyenne a renforcé l'individualisme et la différenciation sociale au sein des villages de producteurs, réduisant les solidarités communautaires traditionnelles et modifiant ainsi les formes de leadership local. Sous-hypothèse 2.3 : Les relations de genre ont évolué, les femmes jouant un rôle plus important dans la dynamique économique de la filière cacao, encouragées par l'augmentation des revenus familiaux et l'accès aux ressources financières.

3. Hypothèse économique : L'ascension des cacaoculteurs vers la classe moyenne n'est pas totalement stable et reste vulnérable aux fluctuations des prix et aux risques environnementaux. Sous-hypothèse 3.1 : La volatilité des cours mondiaux du cacao est un facteur majeur d'instabilité des revenus des cacaoculteurs, limitant la durabilité de cette ascension vers la classe moyenne. Sous-hypothèse 3.2 : Les effets du changement climatique, tels que les variations des conditions de croissance et les événements extrêmes, représentent une menace pour la durabilité des exploitations cacaoyères et, par conséquent, pour la stabilité de cette classe moyenne émergente. Sous-hypothèse 3.3 : Les cacaoculteurs entrant dans la classe moyenne sont confrontés à des défis dans la gestion de la diversification des sources de revenus, l'accès aux marchés mondiaux et l'intégration dans des chaînes de valeur plus compétitives.

4. Hypothèse politique : L'émergence de cette nouvelle classe moyenne dans le secteur du cacao influence les politiques de développement agricole et rural au Cameroun. Sous-hypothèse 4.1 : L'émergence de cette classe moyenne conduit à un réajustement des politiques agricoles, en orientant davantage les investissements publics vers la modernisation de la filière cacao, la diversification de la production agricole et la promotion de la durabilité. Sous-hypothèse 4.2 : La classe moyenne émergente influence la mise en œuvre de politiques plus inclusives et le développement de nouvelles initiatives pour soutenir l'agriculture familiale, afin de consolider et de perpétuer l'ascension socio-économique des producteurs de cacao. Sous-hypothèse 4.3 : Les défis à la compétitivité de l'industrie cacaoyère, en particulier dans le contexte de la mondialisation, conduisent à des ajustements dans les stratégies de gouvernance et de gestion de l'industrie, visant à renforcer la résilience des producteurs face aux crises mondiales.

5. Hypothèse environnementale : L'émergence de la classe moyenne dans la filière cacao au Cameroun soulève des questions relatives à la durabilité et à l'impact environnemental de la production. Sous-hypothèse 5.1 : L'augmentation des revenus des cacaoculteurs favorise l'adoption plus large de pratiques agricoles durables, telles que l'agriculture de précision, la diversification des cultures et la gestion rationnelle des ressources naturelles. Sous-hypothèse 5.2 : Cependant, la pression accrue pour augmenter la production de cacao afin de répondre à la demande mondiale pourrait conduire à une intensification de la production, avec des impacts environnementaux négatifs potentiels tels que la déforestation et la dégradation des sols.

Ces hypothèses nous ont aidé à structurer l'analyse de l'émergence de la classe moyenne dans le secteur cacaoyer au Cameroun, en croisant les perspectives économiques, sociales, politiques et environnementales, afin de mieux comprendre les processus et les implications de ce phénomène complexe.

Dans notre méthodologie nous avons fait une approche mixte, combinant des méthodes qualitatives et quantitatives, afin d'obtenir une vision complète et nuancée des dynamiques socio-économiques sous-jacentes à l'émergence d'une nouvelle classe moyenne dans le secteur du cacao au Cameroun. Cette approche nous a permis non seulement de collecter des données précises et représentatives, mais aussi d'approfondir notre analyse des mécanismes sociaux, économiques et environnementaux impliqués dans ce processus. Notre recherche a adopté une approche exploratoire et descriptive, visant à comprendre et à expliquer les processus d'émergence de la classe moyenne dans la filière cacao. Ce travail s'est inscrit dans une approche qualitative et quantitative, permettant de croiser des données statistiques objectives avec les perceptions et expériences subjectives des acteurs impliqués dans cette dynamique. La population cible est constituée des acteurs de la filière cacao au Cameroun, avec un accent particulier sur les producteurs de cacao, mais aussi les transformateurs, les membres des coopératives, les négociants, ainsi que les responsables de la politique agricole et les institutions financières impliquées dans la filière dans les régions du Centre, du Sud et de l'Ouest du pays.

L'échantillon de producteurs était composé de cacaoculteurs classés en fonction de leur niveau de revenu et de leur statut socio-économique (producteurs « classiques » et producteurs ayant atteint le statut de classe moyenne). L'échantillon comprenait des producteurs des principales régions cacaoyères du Cameroun (Centre, Ouest, Sud-Ouest et Est), afin de refléter la diversité géographique et socio-économique du secteur. L'échantillon des autres acteurs de la chaîne de valeur comprenait des directeurs de coopératives, des négociants locaux, des responsables de l'industrie cacaoyère des ministères concernés (Ministère de l'Agriculture et du Développement Rural), ainsi que des représentants des institutions financières qui fournissent des crédits et un soutien aux producteurs de cacao. Un échantillonnage stratifié a été utilisé pour assurer une représentation proportionnelle des différentes catégories d'acteurs et des zones de production.

Une enquête par questionnaire structuré a été menée auprès de 343 producteurs de cacao et d'autres acteurs de l'industrie. Les questionnaires ont été conçus pour recueillir des données sur les caractéristiques socio-économiques des producteurs, les revenus, l'accès au financement, les rendements agricoles, ainsi que leur perception de l'évolution de leur statut social au cours des dernières années. Des indicateurs clés sont utilisés pour identifier les producteurs qui ont atteint le statut de classe moyenne, sur la base de critères tels que le revenu, l'accès aux biens et services et la stabilité économique. Les données quantitatives sont analysées à l'aide d'outils statistiques, notamment SPSS ou Excel, afin d'étudier les corrélations entre différents facteurs (accès au financement, adoption de nouvelles techniques, niveau de vie, etc.

Des entretiens semi-structurés ont été menés avec un échantillon représentatif de 93 producteurs, ainsi qu'avec d'autres acteurs de la filière cacao (responsables de coopératives, négociants, autorités locales, etc.) Ces entretiens ont permis de recueillir des informations plus détaillées sur les expériences des producteurs, les défis auxquels ils sont confrontés, leur perception de leur transformation socio-économique, ainsi que leur point de vue sur les impacts sociaux, environnementaux et économiques de leur accession à la classe moyenne. En outre, des groupes de discussion sont organisés dans certaines régions afin de recueillir les opinions et les perceptions collectives des producteurs et d'autres parties prenantes sur le changement social dans les communautés rurales de cacao.

Une revue de la littérature a été réalisée à partir des rapports institutionnels, des documents politiques relatifs à la filière cacao (plans de développement, politiques agricoles), ainsi que des études de marché et des rapports d'organisations internationales (Banque Mondiale, BIT, FAO, etc.) concernant la filière cacao au Cameroun. Ceci nous a permis de contextualiser la recherche et de comprendre les stratégies et les politiques mises en place pour soutenir cette évolution socio-économique. Les données quantitatives collectées à partir des questionnaires ont été traitées à l'aide de méthodes statistiques descriptives (moyennes, médianes, etc.) et d'analyses corrélatives afin d'identifier les relations entre les variables socio-économiques et l'accession des cacaoculteurs à la classe moyenne. Des analyses de régression ont également été utilisées pour évaluer l'influence de différents facteurs sur le statut socio-économique des producteurs.

Les données qualitatives issues des entretiens et des groupes de discussion sont analysées à l'aide de la méthode de l'analyse thématique. Les transcriptions des entretiens sont codées et triées en fonction de thèmes récurrents liés à l'émergence de la classe moyenne, à l'impact sur les relations sociales et à la durabilité de cette transformation. Pour assurer la validité des résultats, des triangulations sont effectuées entre les données quantitatives et qualitatives, ainsi qu'entre les différentes sources d'information (producteurs, coopératives, institutions financières, etc.) En outre, les données sont régulièrement comparées avec des sources documentaires et des études antérieures sur le secteur cacaoyer. Ce travail a été confronté à certaines limites, notamment : l'accès facile aux producteurs dans certaines zones reculées par exemple dans le Sud-Ouest du pays à cause de la crise politique, il a également été difficile d'obtenir des données représentatives en raison de contraintes logistiques ou du manque de disponibilité des producteurs en temps. Cette méthodologie mixte nous a permis de réaliser une analyse approfondie et détaillée des dynamiques sous-jacentes à l'émergence de la classe moyenne dans la filière cacao au Cameroun, tout en garantissant la rigueur scientifique et la pertinence des résultats obtenus.

Chapitre 1

Histoire de la filière du cacao au Cameroun

L'histoire de l'industrie du cacao au Cameroun remonte à plusieurs siècles, mais son développement en tant que secteur structuré et commercialement viable s'est fait au fil du temps, sous l'influence de facteurs économiques, politiques et sociaux internes et externes. Aujourd'hui, le cacao est l'une des principales cultures d'exportation du pays, mais son parcours a été marqué par de nombreuses étapes de transformation.

- Introduction du cacao au Cameroun (19ème siècle)

L'histoire du cacao au Cameroun commence à la fin du 19ème siècle, pendant la période coloniale. Le cacao a été introduit par les colons allemands, alors en charge de la région du Cameroun, dans les années 1890. Les premières plantations ont été établies principalement dans les régions du centre et du sud-ouest du pays. C'est une période où la production est orientée vers la satisfaction des besoins des puissances coloniales européennes. Au début, la production était marginale et se concentrait sur des plantations à petite échelle. Dans le cadre de l'exploitation coloniale, les colonialistes ont utilisé une grande partie de la main-d'œuvre locale pour exploiter ces plantations, souvent sous la forme de travail forcé. La Société Camerounaise de Cacao (SCC), une des plus grandes exploitations et sociétés de production de cacao au Cameroun, avec des liens historiques remontant à l'époque coloniale. Bien que l'entreprise soit aujourd'hui majoritairement camerounaise, elle a joué un rôle important dans la structuration de l'industrie du cacao au Cameroun. Les Plantations de l'ex-German Empire (avant 1916) : Avant la Première Guerre mondiale, l'Allemagne avait établi des plantations de cacaoyers au Cameroun. Certaines de ces plantations ont été abandonnées ou redistribuées après la guerre, mais d'autres ont été reprises par des entreprises françaises ou locales après l'indépendance. En effet, la Société des Cacaos du Cameroun, une entreprise ayant des liens avec des entités européennes ou multinationales qui a continué à jouer un rôle clé dans la production de cacao au Cameroun, bien que maintenant en grande partie détenue par des intérêts privés. Les sociétés Nestlé et Mars : Ces multinationales possèdent également des exploitations de cacaoyers au Cameroun, bien que ces sociétés soient de nature plus moderne et ne soient pas directement issues des colonisateurs. Cependant, elles représentent l'une des formes de continuation des grandes plantations issues de l'ère coloniale, avec des réseaux d'approvisionnement qui remontent à cette période.

- L'essor de la production à l'époque coloniale (1900-1960)

Après la Première Guerre mondiale, le Cameroun a été placé sous mandat français et l'expansion des plantations de cacao s'est intensifiée. Les années 1920 et 1930 ont vu l'expansion des zones cultivées, avec des initiatives visant à planter du cacao dans des régions plus vastes telles que l'Ouest et le Sud. Toutefois, la production reste dominée par un petit nombre de grandes plantations contrôlées par des agriculteurs européens. Ce n'est que dans les années 1940 et 1950, avec l'augmentation de la demande européenne et mondiale, que le cacao est devenu un produit plus important pour les économies locales. Les producteurs camerounais ont commencé à jouer un rôle plus actif, même si l'économie cacaoyère était encore largement dominée par les plantations européennes.

- L'indépendance et le développement de l'industrie (1960-1980)

L'indépendance du Cameroun en 1960 a marqué un tournant important pour l'industrie cacaoyère. L'État camerounais a cherché à structurer la production de cacao pour en faire un moteur de l'économie rurale. L'État encourage l'agriculture familiale en soutenant les petits producteurs locaux, tout en consolidant le rôle des coopératives agricoles et en encourageant la création de petites exploitations cacaoyères. Le cacao est devenu l'une des principales sources de revenus d'exportation du pays, notamment grâce à la mise en place de politiques agricoles visant à augmenter les rendements et à améliorer la qualité du cacao. Dans les années 1970, le pays est devenu l'un des principaux producteurs de cacao en Afrique, derrière le Ghana et la Côte d'Ivoire. Cette croissance a été soutenue par une meilleure organisation des producteurs, des politiques de vulgarisation agricole et l'introduction de nouvelles variétés de cacao plus résistantes.

- La crise du secteur et la chute des prix (1980-2000)

À partir des années 1980, le secteur du cacao a connu une crise majeure, alimentée par la chute des prix mondiaux du cacao, des problèmes liés à la mauvaise gestion des coopératives et des politiques agricoles inadaptées. La production a commencé à stagner en raison de la faiblesse des investissements dans les infrastructures, de l'érosion des sols, de la baisse des rendements et de l'absence d'une politique cohérente de gestion des cultures et de développement rural. En outre, les producteurs camerounais ont été confrontés à des problèmes d'accès aux marchés internationaux, notamment en raison de la volatilité des prix. Au cours de cette période, les conditions de travail et de vie des producteurs se sont détériorées et une grande partie d'entre eux vivaient dans des conditions très précaires.

- Reprise et réformes structurelles (2000-aujourd'hui)

Depuis le début des années 2000, l'industrie cacaoyère camerounaise a connu un renouveau marqué par la mise en œuvre de réformes structurelles et un soutien accru aux petits producteurs. Le pouvoir public camerounais, avec l'appui de partenaires internationaux tels que la Banque mondiale, l'Union européenne et diverses organisations non gouvernementales, a entrepris un certain nombre de réformes visant à améliorer la qualité du cacao et à stimuler la production. Les programmes de formation des producteurs, les programmes de vulgarisation agricole et la création de coopératives agricoles ont contribué à l'amélioration des rendements et de la gestion des exploitations. Le Cameroun s'est également efforcé de renforcer l'organisation de la filière, avec la création de la Société de Commercialisation du Cacao et du Café (SCC), chargée de superviser la filière et de réguler le marché intérieur.

Au cours de la même période, le pays a connu une augmentation des exportations de cacao, qui sont devenues l'une des principales ressources économiques du pays, après le pétrole et le bois. Le Cameroun a également cherché à diversifier ses débouchés commerciaux, en développant les marchés asiatiques et en visant des certifications de durabilité (telles que Fairtrade et Rainforest Alliance). L'investissement dans la transformation locale du cacao, en particulier dans les industries du chocolat et du négoce, a également contribué à créer de la valeur ajoutée et à améliorer la position du pays dans la chaîne de valeur mondiale du cacao.

- Perspectives récentes et défis contemporains

Aujourd'hui, le Cameroun est l'un des dix premiers producteurs mondiaux de cacao, avec une production avoisinant les 250 000 tonnes par an. Cependant, le secteur du cacao reste confronté à un certain nombre de défis majeurs : La volatilité des prix du cacao sur les marchés mondiaux, qui affecte directement les revenus des producteurs. Les questions environnementales, en particulier la déforestation et la durabilité des pratiques agricoles. Les défis liés à la modernisation et à l'industrialisation du secteur, avec un besoin urgent de transformer plus de cacao localement pour augmenter la valeur ajoutée. Les problèmes sociaux tels que la pauvreté persistante dans les zones rurales, la question du travail des enfants et la répartition inégale de la richesse générée par ce secteur.

Malgré ces défis, le secteur du cacao représente un potentiel important pour le développement économique et social du Cameroun, notamment dans la lutte contre la pauvreté dans les zones rurales et dans l'émergence d'une nouvelle classe moyenne parmi les producteurs de cacao. Par conséquent, l'industrie cacaoyère camerounaise continue de jouer un rôle central dans l'économie du pays et reste un secteur stratégique pour son développement futur.

1.   Caractéristiques économiques de la filière cacao au Cameroun

La filière cacao au Cameroun occupe une place prépondérante dans l'économie du pays, étant l'une des principales sources de devises et un moteur essentiel du développement des zones rurales. Cependant, cette filière est marquée par des spécificités économiques qui influencent directement ses performances, sa durabilité et son impact socio-économique. Voici un aperçu des principales caractéristiques économiques de la filière cacao au Cameroun:

- Contribution à l'économie nationale

Le cacao est l'un des principaux produits d'exportation du Cameroun, après le pétrole et le bois. Il représente environ 10 % du produit intérieur brut (PIB) agricole du pays et contribue de manière significative à la balance commerciale du Cameroun. Le secteur génère des revenus pour un grand nombre de familles rurales et représente une part importante des recettes d'exportation en devises. Le Cameroun est l'un des dix premiers producteurs mondiaux de cacao, avec une production annuelle d'environ 250 000 à 300 000 tonnes. Environ 80 % de la production de cacao est exportée, principalement vers des pays tels que la France et les États-Unis, et de plus en plus vers les marchés émergents d'Asie (Chine, Vietnam).

- Structure de la production et répartition des acteurs

L'industrie cacaoyère camerounaise est essentiellement basée sur l'agriculture familiale. Plus de 600 000 producteurs sont impliqués dans la culture du cacao au Cameroun, la grande majorité d'entre eux étant des petits exploitants (moins de 2 hectares). Ces petits producteurs sont souvent organisés en coopératives agricoles ou en groupements de producteurs, ce qui facilite l'accès aux ressources, au financement et à la commercialisation. La hiérarchie des acteurs de la filière cacao s'organise autour de : Les producteurs : Ils représentent la base de la chaîne de valeur et sont responsables de la culture du cacao. La majorité des producteurs sont des petits exploitants, souvent non formalisés et ayant un accès limité aux technologies modernes. Les collecteurs et les négociants : Ils jouent un rôle essentiel dans la collecte, le transport et la vente du cacao aux exportateurs ou aux transformateurs. Ces intermédiaires sont souvent l'un des maillons les plus vulnérables de la chaîne.

Les exportateurs : Ils sont responsables de l'exportation du cacao vers les marchés internationaux. Les grandes sociétés multinationales, telles que Nestlé et Cargill, contrôlent une part importante du marché de l'exportation. Les transformateurs : Bien que le Cameroun soit encore largement axé sur l'exportation de fèves de cacao brutes, un nombre croissant d'entreprises locales sont impliquées dans la transformation du cacao, produisant du beurre de cacao, de la pâte de cacao et, dans une moindre mesure, du chocolat.

- Rentabilité et conditions économiques des producteurs

Les cacaoculteurs camerounais sont confrontés à un certain nombre de facteurs qui influencent directement la rentabilité de leurs exploitations : Bien que la cacaoculture puisse être rentable, elle reste extrêmement dépendante des cours internationaux du cacao. La volatilité des prix, due à des facteurs externes tels que les fluctuations des marchés mondiaux, affecte la stabilité des revenus des producteurs. L'accès limité aux intrants agricoles (semences améliorées, engrais, pesticides) et la financiarisation des exploitations rendent les producteurs vulnérables aux risques de baisse de rendement et aux maladies des cultures telles que le monilia et le mirid. En moyenne, les rendements du cacao au Cameroun restent faibles, souvent de l'ordre de 400 à 600 kg/ha, bien en deçà de ceux d'autres grands producteurs africains comme la Côte d'Ivoire ou le Ghana, où les rendements peuvent atteindre jusqu'à 1 000 kg/ha. Les coûts de production sont relativement élevés en raison du manque d'accès aux techniques agricoles modernes, ce qui affecte la compétitivité du cacao camerounais sur le marché international.

- Volatilité des prix et dépendance à l'égard des marchés internationaux

Les prix du cacao au Cameroun sont fortement influencés par les fluctuations des marchés mondiaux. Le cacao étant un produit de base, les producteurs sont exposés à des prix instables, qui peuvent être influencés par des facteurs tels que les conditions météorologiques dans les principaux pays producteurs, les politiques commerciales internationales et les crises économiques mondiales. Par exemple, les prix peuvent chuter de manière significative pendant les périodes de crise économique mondiale : Les prix peuvent chuter de manière significative pendant les périodes de surproduction mondiale ou en raison des cycles économiques mondiaux. Les producteurs peuvent être confrontés à des périodes de baisse des prix, ce qui entraîne une réduction de leur pouvoir d'achat et affecte leur niveau de vie et leur capacité à investir dans l'amélioration de leurs exploitations.

- Impact des politiques publiques et des programmes d'appui

Le pouvoir public camerounais, en collaboration avec les organisations internationales et les partenaires du développement, a mis en place plusieurs programmes d'appui pour stimuler la production de cacao, améliorer la qualité des produits et renforcer la position du pays sur les marchés internationaux. Subventions à la production : pour encourager l'adoption de nouvelles technologies agricoles, programmes d'appui aux petits producteurs et aide à la diversification des cultures. Des efforts ont été faits pour renforcer les coopératives agricoles, améliorer l'accès au crédit et stabiliser les prix par le biais de mécanismes de régulation et de soutien des prix. Programmes de certification : Plusieurs programmes ont été mis en place pour certifier la production de cacao selon les critères du commerce équitable ou de l'agriculture durable, ce qui permet aux producteurs d'accéder à des marchés de niche, souvent à des prix plus élevés.

- Défis environnementaux et durabilité

Le secteur du cacao au Cameroun, comme dans d'autres pays producteurs, est confronté à des défis environnementaux majeurs : l'expansion des plantations de cacao est souvent associée à la déforestation, en particulier dans les zones rurales. Cela a un impact négatif sur la biodiversité et contribue au changement climatique. Le changement climatique : Le cacao est une culture sensible aux conditions climatiques. La variabilité du climat et les changements de température affectent la productivité et la qualité du cacao. Pratiques agricoles durables : Il est urgent d'adopter des pratiques agricoles plus durables, telles que l'agriculture de conservation, la gestion de l'eau et la diversification des cultures, afin de maintenir la rentabilité tout en réduisant l'impact sur l'environnement.

- Perspectives de développement et défis

Bien que le secteur du cacao au Cameroun ait un potentiel de croissance important, un certain nombre de défis doivent être relevés pour garantir sa durabilité à long terme : l'introduction de nouvelles technologies agricoles, l'amélioration des pratiques culturales et la transformation locale du cacao sont des leviers importants pour accroître la valeur ajoutée et la compétitivité du secteur. Le manque d'accès au crédit et aux instruments financiers appropriés reste un obstacle majeur pour de nombreux producteurs de cacao. Il est essentiel de développer des mécanismes financiers permettant aux petits producteurs de se moderniser.

Le Cameroun dispose d'un grand potentiel pour accroître sa part de marché dans la transformation du cacao. Les investissements dans les infrastructures de transformation, ainsi que dans l'accès aux marchés internationaux, nous permettront d'ajouter de la valeur au cacao produit localement. Globalement, l'industrie du cacao au Cameroun est un secteur stratégique pour l'économie, mais elle doit faire face à des défis importants pour augmenter sa rentabilité, améliorer les conditions de vie des producteurs et assurer sa durabilité à long terme dans un contexte économique et environnemental complexe.

2. Transformations récentes de l'industrie cacaoyère camerounaise

Au cours des deux dernières décennies, la filière cacao au Cameroun a connu plusieurs transformations importantes, en termes de production, de gestion de la chaîne de valeur, d'exportation et de transformation locale. Ces changements sont le fruit des efforts conjoints de l'Etat, des producteurs, des entreprises privées et des partenaires au développement. Ces changements visent à améliorer la compétitivité du secteur, à augmenter la valeur ajoutée et à répondre aux exigences mondiales en matière de durabilité et de qualité.

- Augmentation de la production et diversification des régions productrices

L'une des principales transformations de l'industrie cacaoyère au Cameroun a été l'expansion de la superficie cultivée en cacao et la diversification des régions productrices. Augmentation de la production : La production de cacao a progressivement augmenté, atteignant environ 250 000 à 300 000 tonnes par an ces dernières années. Cette augmentation est le résultat de l'extension des surfaces cultivées et de l'adoption de nouvelles techniques agricoles par certains producteurs. Nouvelles zones de production : Si les régions traditionnelles de production de cacao (Ouest, Centre, Sud-Ouest et Est) restent les plus importantes, d'autres régions comme le Nord-Ouest, le Sud et le Littoral ont vu se développer les plantations de cacao. Ceci est dû aux politiques de vulgarisation agricole et à la recherche de nouvelles terres agricoles propices à la culture du cacao. Cette diversification géographique a permis d'étendre la production de cacao sur une plus grande surface, ce qui a contribué à stabiliser les volumes de production et à augmenter les rendements dans les nouvelles zones.

- Modernisation des pratiques agricoles et amélioration des rendements

La modernisation des techniques agricoles a été un autre facteur clé de la transformation du secteur du cacao. L'industrie s'est progressivement orientée vers des méthodes de production plus modernes et durables, afin d'augmenter la productivité et d'améliorer la compétitivité sur le marché international. L'utilisation de variétés de cacao plus résistantes aux maladies (telles que le monilia et le mirid) et mieux adaptées aux conditions climatiques a permis d'améliorer les rendements des producteurs. De nombreuses initiatives ont été mises en place pour former les producteurs aux bonnes pratiques agricoles (fertilisation, gestion de l'eau, lutte intégrée contre les parasites, taille des arbres, etc.) L'introduction de pratiques agroécologiques, telles que l'agriculture de conservation et l'agroforesterie, a permis de répondre aux défis environnementaux tout en améliorant la rentabilité des exploitations. Grâce à ces efforts de modernisation, les rendements ont progressivement augmenté, atteignant parfois des niveaux supérieurs à 1 000 kg/ha dans les zones les plus performantes. Cependant, des disparités subsistent entre les producteurs, dont certains ont encore des rendements très faibles.

- Structuration du secteur et renforcement des coopératives

Un autre élément clé de la transformation du secteur du cacao au Cameroun a été le renforcement de l'organisation des producteurs, par le biais de coopératives agricoles et de groupements de producteurs. De nombreuses coopératives ont été créées ou restructurées, ce qui leur permet de mieux négocier les prix, d'accéder plus facilement au financement et d'acheter des intrants agricoles à des prix compétitifs. Ces coopératives jouent également un rôle important dans la mise en place de programmes de certification, permettant aux producteurs d'obtenir des labels de qualité tels que Fairtrade ou Rainforest Alliance. Les coopératives ont également facilité l'accès des petits producteurs au crédit et aux subventions publiques et privées, notamment pour l'achat d'intrants et d'équipements modernes. Cela a stimulé les investissements dans les exploitations de cacao. Le développement de ces structures collectives a également permis d'améliorer la négociation des prix et de réduire l'influence des intermédiaires, souvent jugés responsables de la précarité des conditions de vie des producteurs.

- Promouvoir la transformation locale

La transformation locale du cacao est l'un des principaux axes de la stratégie de développement de l'industrie au Cameroun. Autrefois axée sur l'exportation de fèves de cacao brutes, l'industrie a progressivement évolué vers une plus grande valeur ajoutée locale. Plusieurs entreprises locales ont commencé à investir dans des usines de transformation, produisant du beurre de cacao, de la pâte de cacao et du chocolat. Cette transformation a ajouté de la valeur au produit brut et a augmenté la part du pays dans la chaîne de valeur mondiale du cacao. Ce développement de la transformation locale a généré des emplois directs et indirects dans les zones rurales, notamment dans la production de chocolat, la transformation du cacao en sous-produits et la création de chaînes d'approvisionnement plus longues. Cependant, le secteur de la transformation locale est encore embryonnaire par rapport à des pays comme la Côte d'Ivoire et le Ghana, qui transforment localement une plus grande proportion de leur production de cacao.

- Certification et durabilité

La durabilité est devenue une priorité pour l'industrie du cacao, tant au niveau des pratiques agricoles que des conditions de travail des producteurs. Le Cameroun a pris un certain nombre d'initiatives pour répondre aux exigences des marchés internationaux, notamment européens, qui privilégient les produits certifiés durables. Le Cameroun a vu augmenter le nombre de producteurs certifiés Fairtrade, Rainforest Alliance et UTZ. Ces certifications garantissent des pratiques agricoles durables et responsables, tout en offrant aux producteurs des prix plus élevés pour leur cacao et l'accès à des marchés de niche. En réponse aux préoccupations environnementales, de nombreux producteurs ont adopté des techniques plus respectueuses de l'environnement, comme l'agroforesterie, qui associe la culture du cacao à celle d'autres plantes (telles que les bananes, les plantains et les arbres d'ombrage), afin de préserver la biodiversité et de lutter contre l'érosion des sols.

- Amélioration de la gouvernance et des politiques publiques

Les réformes dans la gestion de la filière cacao ont également contribué à son développement récent. Le pouvoir public a mis en place des politiques visant à améliorer la compétitivité du secteur et à soutenir les producteurs : les pouvoirs publics, en collaboration avec les acteurs privés, ont introduit des mécanismes de régulation des prix afin de protéger les producteurs contre les fluctuations excessives des cours mondiaux. Les contrôles de qualité ont également été renforcés afin de s'assurer que le cacao camerounais répond aux normes internationales. Des programmes de soutien ont été mis en place afin de subventionner les producteurs pour l'achat d'intrants agricoles et de matériel de culture moderne. Cela a permis d'améliorer la productivité et la compétitivité du cacao camerounais sur les marchés internationaux.

- Emergence d'une nouvelle classe moyenne rurale

Les efforts d'amélioration de la rentabilité de la filière cacao, la structuration des producteurs et la modernisation des pratiques agricoles ont contribué à l'émergence d'une nouvelle classe moyenne rurale dans les zones de production. Cette classe moyenne est caractérisée par des producteurs qui, grâce à une gestion plus efficace des exploitations, à l'accès aux marchés internationaux et à l'amélioration des revenus, ont pu élever leur niveau de vie, accéder à de nouveaux biens et services et investir dans l'éducation de leurs enfants. Les transformations récentes du secteur cacaoyer camerounais témoignent des efforts déployés pour moderniser la production, améliorer la rentabilité des exploitations et rendre le secteur plus compétitif à l'échelle mondiale. Cependant, malgré ces progrès, des défis majeurs subsistent, notamment en termes de durabilité environnementale, d'amélioration des conditions de travail des producteurs et d'accélération de la transformation locale du cacao. Le secteur du cacao au Cameroun a un grand potentiel, mais il est essentiel de continuer à soutenir ces réformes pour maximiser ses avantages socio-économiques à long terme.

Chapitre 2

Financement, rendement et niveau de vie de l'agriculteur

Le financement d'un hectare de cacao au Cameroun dépend de plusieurs facteurs, tels que le mode de culture, les intrants utilisés (semences, engrais, produits phytosanitaires), l'infrastructure d'irrigation, et le fait que le producteur bénéficie d'un appui institutionnel ou d'un financement extérieur. Voici cependant quelques estimations générales :

1. Coûts de plantation et de gestion d'un hectare de cacao

Pour la plantation d'un hectare de cacao, les coûts peuvent varier entre 600 000 FCFA et 1000 000 FCFA (environ 1 000 à 1 600 USD). Cela comprend l'achat des semences, la préparation du sol, la fertilisation initiale et la plantation. Coûts annuels des intrants : Chaque année, pour entretenir la plantation, il sera nécessaire d'investir dans des intrants tels que les engrais, les produits phytosanitaires (pesticides, fongicides), et l'entretien des cacaoyers. Le coût annuel peut varier entre 200 000 et 300 000 FCFA (environ 350 à 500 USD).

2. Main-d'œuvre et entretien

La main-d'œuvre nécessaire à l'entretien de la plantation, y compris l'élagage des arbres, l'entretien du sol et la récolte, peut également représenter une dépense importante. Cela dépend de la taille de l'exploitation et du

37

système de travail utilisé. Pour un hectare, la main-d'œuvre peut coûter entre 100 000 et 150 000 FCFA par an. Financement et appui : Microfinance et crédit agricole : Plusieurs institutions financières et organisations offrent des prêts agricoles aux producteurs de cacao. A titre d'exemple, les prêts peuvent aller de 500 000 FCFA à 1 500 000 FCFA (environ 800 à 2 500 USD) pour financer un hectare de cacao, couvrant principalement les coûts de plantation, l'achat d'intrants et les frais de gestion. Appui aux coopératives et aux programmes de développement : Les cacaoculteurs peuvent également bénéficier de subventions, de prêts à faible taux d'intérêt ou de programmes de formation proposés par des organisations internationales (FAO, Cargill, Nestlé, etc.) ou des coopératives locales.

3.   **Estimation totale**

En moyenne, pour financer un hectare de cacao au Cameroun, y compris les coûts de plantation, d'entretien annuel et de financement, un cultivateur pourrait avoir besoin de 800 000 FCFA à 1 500 000 FCFA (environ 1 300 à 2 500 USD) par an, en fonction de facteurs spécifiques à l'exploitation. Le niveau de vie des producteurs de cacao au Cameroun varie en fonction d'un certain nombre de facteurs, tels que le rendement des cultures, l'accès au financement, les pratiques agricoles, la région et la taille de l'exploitation. Cependant, voici quelques faits essentiels sur le niveau de vie des cacaoculteurs au Cameroun, avec des chiffres approximatifs pour donner une idée générale.

4.   Revenu moyen des cacaoculteurs

Le revenu moyen des cacaoculteurs au Cameroun est souvent modeste. Selon certaines études et rapports, le revenu annuel moyen d'un cacaoculteur au Cameroun peut varier entre 300.000 FCFA et 1.500.000 FCFA (environ 500 à 2.500 USD), en fonction de la taille de la plantation et du rendement à l'hectare. Les petits producteurs (moins de 2 hectares) peuvent avoir des revenus plus faibles, souvent inférieurs à 500 000 FCFA par an. Les producteurs de taille moyenne (entre 2 et 5 hectares) peuvent gagner entre 500 000 FCFA et 1 500 000 FCFA par an. Les producteurs plus importants (plus de 5 hectares) peuvent espérer des revenus plus élevés, mais ces producteurs restent relativement peu nombreux.

5.   Rendements de cacao

Les rendements de cacao au Cameroun peuvent varier en fonction des conditions agricoles et des techniques utilisées : Un hectare de cacao peut produire entre 500 kg et 2 000 kg de fèves de cacao par an, en fonction des pratiques agricoles et des conditions climatiques. Les producteurs dont les exploitations cacaoyères sont bien gérées peuvent obtenir des rendements plus élevés, tandis que les producteurs dont les pratiques agricoles ne sont pas optimales peuvent avoir des rendements plus faibles.

6.   Prix du cacao

Le prix du cacao fluctue chaque année, mais peut généralement varier de 1 150 FCFA/kg à 6 300 FCFA/kg en fonction de la qualité et de la demande.

En 2023, le prix moyen des fèves de cacao au Cameroun est de l'ordre de 2 000 FCFA à 3 000 FCFA/kg, selon la région et le type de contrat. Cela signifie qu'un producteur ayant un rendement de 1 000 kg par hectare pourrait gagner entre 1 150 000 FCFA et 3 150 000 FCFA par hectare, en fonction du prix du marché.

7. Conditions de vie et dépenses

Les conditions de vie des cacaoculteurs, surtout en milieu rural, sont marquées par un accès limité à certains services de base tels que la santé, l'éducation et l'approvisionnement en eau potable. Si certains producteurs parviennent à améliorer leur niveau de vie grâce à un revenu relativement stable provenant de la culture du cacao, beaucoup restent dans une situation précaire. Une grande partie de leurs revenus est également utilisée pour couvrir les coûts de production, tels que l'achat d'engrais, de semences, de pesticides et de main d'œuvre.

8. Indicateurs de niveau de vie

Les cacaoculteurs vivent souvent dans des conditions simples. Les indicateurs suivants peuvent être utilisés pour évaluer leur niveau de vie : Accès à l'éducation : De nombreux producteurs ne peuvent pas envoyer tous leurs enfants à l'école en raison de revenus insuffisants.

L'accès aux soins de santé dans les zones rurales est limité et de nombreux producteurs n'ont pas de couverture d'assurance maladie. Le logement : Les producteurs vivent souvent dans des maisons modestes construites avec des matériaux locaux, et les conditions de vie peuvent être difficiles, avec peu d'infrastructures.

9. Problèmes socio-économiques

Malgré la croissance du cacao, les producteurs rencontrent souvent plusieurs obstacles qui limitent leur niveau de vie : Pauvreté persistante : De nombreux producteurs de cacao vivent encore en dessous du seuil de pauvreté, avec des revenus insuffisants pour améliorer durablement leur qualité de vie. Vulnérabilité aux chocs extérieurs : La volatilité des prix du cacao, les conditions climatiques extrêmes et l'accès limité aux marchés peuvent affecter la stabilité économique des producteurs.

En fait, le niveau de vie des producteurs de cacao au Cameroun varie considérablement. Les revenus peuvent aller de 300 000 FCFA à 1 500 000 FCFA par an, en fonction des rendements et des pratiques agricoles. Cependant, malgré l'importance de la cacaoculture, de nombreux producteurs vivent encore dans des conditions modestes, avec des défis majeurs liés à l'accès aux services de base, à l'éducation et à la santé. Les politiques visant à améliorer les conditions de vie des producteurs de cacao au Cameroun nécessitent une approche intégrée, combinant l'accès au financement, l'amélioration des rendements agricoles et le soutien à la durabilité du secteur.

- L'accession des cacaoculteurs à la classe moyenne

L'accession des cacaoculteurs à la classe moyenne au Cameroun peut être définie par une combinaison de facteurs économiques. Ces facteurs comprennent les revenus des planteurs, leur stabilité financière et leur accès aux biens de consommation, qui sont des indicateurs de l'amélioration de leur niveau de vie. Voici un aperçu détaillé avec des chiffres approximatifs basés sur des données récentes.

10. La stabilité financière

La stabilité financière est un indicateur clé de la progression vers la classe moyenne. Les producteurs peuvent atteindre la stabilité s'ils peuvent générer des revenus réguliers et gérer leurs finances de manière efficace. Accès au financement : La facilité d'accès au crédit et à la micro-finance est cruciale. Les producteurs ayant accès à des prêts agricoles peuvent réinvestir dans leurs exploitations et augmenter leur productivité. Par exemple, un prêt de 500 000 FCFA à 1 000 000 FCFA (environ 800 à 1 600 USD) peut aider à financer des intrants agricoles ou l'achat de nouvelles technologies. Diversification des revenus : En plus de la culture du cacao, les grands producteurs peuvent se diversifier en cultivant d'autres produits agricoles ou en investissant dans des activités secondaires, telles que l'élevage ou la transformation du cacao, ce qui leur permet d'augmenter leur revenu global.

- L'accès aux biens de consommation

L'accès aux biens de consommation et aux services de base (éducation, santé, logement) est un autre critère d'accès à la classe moyenne. L'amélioration du niveau de vie est souvent liée à la capacité d'acheter des biens durables (véhicules, appareils ménagers, etc.) et d'améliorer les conditions de vie. Accès aux biens de consommation : Le logement : Un producteur de la classe moyenne doit pouvoir investir dans un logement de qualité. Cela peut se traduire par la construction d'une maison moderne ou la rénovation de sa maison pour un montant compris entre 3.000.000 FCFA et 5.000.000 FCFA (environ 5.000 à 8.000 USD), ce qui n'est pas toujours possible pour un producteur à faible revenu. L'accès à une éducation de qualité est un indicateur de l'ascension vers la classe moyenne. Les producteurs qui peuvent financer l'éducation de leurs enfants dans des écoles privées ou des établissements d'enseignement supérieur affichent un niveau de vie plus élevé. Les frais de scolarité annuels dans les écoles privées peuvent aller de 100 000 FCFA à 500 000 FCFA par enfant (environ 150 à 800 USD). Bien-être et consommation : L'achat de biens de consommation durables, tels que des véhicules (une moto, par exemple, coûte environ 1 000 000 FCFA à 2 000 000 FCFA ou 1 500 à 3 000 USD), des appareils électroménagers ou des biens ménagers de meilleure qualité, est également un signe de mobilité sociale ascendante.

11. Améliorer les conditions de vie

Améliorer les conditions de vie signifie également investir dans la santé et la sécurité sociale. Un producteur entrant dans la classe moyenne devrait pouvoir se payer des soins de santé privés ou souscrire à une assurance maladie (Adam, et al., 2023). Exemples d'améliorations possibles Souscription à une assurance maladie privée, dont le coût annuel varie de 50 000 à 200 000 FCFA (environ 80 à 350 USD). Accès à des soins médicaux de qualité, réduisant la dépendance à l'égard des soins gratuits ou de qualité inférieure.

L'accession des cacaoculteurs à la classe moyenne au Cameroun dépend d'une série de facteurs économiques. Les critères mesurables sont les suivants Le revenu annuel : Un producteur disposant de plus de 500 000 FCFA par an peut commencer à accéder à des conditions proches de la classe moyenne, mais une ascension complète nécessite des revenus supérieurs à 1 500 000 FCFA par an. La stabilité financière : Cela implique l'accès au financement, la capacité à diversifier les sources de revenus et à investir dans des pratiques agricoles durables. Accès aux biens de consommation : Cela comprend l'accès à un logement de qualité, à des biens de consommation durables et l'accès à l'éducation et aux soins de santé. En résumé, l'accession à la classe moyenne des cacaoculteurs camerounais est un processus complexe, mais possible avec des rendements agricoles élevés, un bon accès au financement et une gestion efficace des revenus.

La production de cacao est un pilier de l'économie camerounaise, représentant environ 25 % de la valeur totale des exportations du pays. En 2020-2021, les exportations de cacao ont atteint 292 000 tonnes, faisant du Cameroun le 4e producteur mondial et le 3e en Afrique, après le Ghana et la Côte d'Ivoire. Pour relancer la production, la politique camerounaise a mis en place un plan de relance visant à atteindre 600 000 tonnes de cacao en 2025. Ce plan prévoit des investissements dans la recherche, la distribution de plants améliorés et le traitement phytosanitaire des vergers.

Cependant, la culture du cacao au Cameroun est confrontée à des défis tels que le vieillissement des vergers, avec un rendement moyen de 375 kg/ha, inférieur au potentiel de 2 500 kg/ha avec de bonnes pratiques. De plus, quelque 69 % des familles productrices de cacao vivent en dessous du seuil de pauvreté, malgré des revenus supérieurs à ceux de la Côte d'Ivoire et du Ghana. En résumé, la culture du cacao occupe une place centrale dans l'économie camerounaise, avec des efforts continus pour augmenter les surfaces cultivées et améliorer les rendements, tout en surmontant les défis liés à l'âge des plantations et aux conditions de vie des producteurs.

Chapitre 3

Emergence de la nouvelle classe moyenne dans la filière cacao au Cameroun

L'émergence d'une nouvelle classe moyenne dans la filière cacao au Cameroun est un phénomène socio-économique complexe, résultant de l'évolution des conditions de production, de la structuration des acteurs de la filière, et des transformations économiques, politiques et sociales. Cette nouvelle classe moyenne, composée en grande partie de cacaoculteurs et de leurs familles, représente un groupe d'individus qui ont réussi à s'élever au-dessus du seuil de pauvreté grâce à l'augmentation des revenus tirés de la cacaoculture. Leur situation se caractérise par une amélioration des conditions de vie, un meilleur accès aux biens et services et un pouvoir d'achat plus élevé.

1. Amélioration des rendements et adoption de nouvelles technologies

L'une des premières étapes vers l'émergence d'une classe moyenne dans l'industrie du cacao a été l'amélioration des rendements grâce à l'introduction de nouvelles pratiques agricoles et de technologies adaptées. Les cacaoculteurs qui ont adopté ces technologies ont vu leurs récoltes et leurs revenus s'améliorer de manière significative.

L'adoption de semences améliorées, l'utilisation d'engrais, la gestion de l'irrigation, ainsi que les techniques de lutte contre les maladies telles que le monilia et le mirid ont contribué à accroître la productivité. Les producteurs ayant accès à ces technologies ont vu leurs rendements passer de 400-600 kg/ha à des niveaux plus proches de 1000 kg/ha. Accès à la formation : Des programmes de formation ont été organisés par le gouvernement, les ONG et les acteurs privés, permettant aux producteurs de mieux gérer leurs exploitations. Ces initiatives ont contribué à la modernisation des pratiques agricoles, permettant à certains producteurs de se démarquer par leur capacité à augmenter la productivité.

2. La structuration des producteurs et l'émergence des coopératives

Une autre étape cruciale dans l'émergence de la classe moyenne dans l'industrie cacaoyère a été la structuration des producteurs en coopératives agricoles et autres groupements. Ces structures collectives ont joué un rôle majeur dans l'amélioration des conditions économiques des producteurs de cacao. vantages des coopératives : Les coopératives permettent aux producteurs de bénéficier de prix plus compétitifs pour les récoltes, d'un accès au financement pour l'achat d'intrants et d'équipements, et d'une formation collective. Elles facilitent également l'accès aux certifications internationales telles que Fairtrade ou Rainforest Alliance, ce qui permet aux producteurs de vendre leur cacao à des prix plus élevés et sur des marchés de niche. Un pouvoir de négociation accru : en se regroupant, les producteurs de cacao ont amélioré leur pouvoir de négociation vis-à-vis des intermédiaires et obtenu de meilleures conditions de vente. Cela a permis à certains d'entre eux d'augmenter leurs revenus et de réinvestir dans leurs exploitations.

3. Accès aux marchés internationaux et diversification des revenus

L'industrie cacaoyère camerounaise a également bénéficié d'un accès croissant aux marchés internationaux, facilitant l'intégration de certains producteurs dans une économie mondiale de plus en plus axée sur la durabilité et la qualité. Les producteurs qui ont réussi à s'intégrer dans ces marchés ont vu leurs revenus augmenter et ont ainsi eu les moyens d'améliorer leur niveau de vie. Certifications et commerce équitable : De plus en plus de producteurs ont pu accéder à des marchés de niche grâce à des certifications telles que le commerce équitable, qui garantissent des prix plus élevés pour leur cacao. Ces certifications ont contribué à stabiliser les prix et à offrir des revenus plus sûrs, réduisant ainsi la vulnérabilité des producteurs aux fluctuations des prix mondiaux. Diversification des sources de revenus : Certains producteurs ont également diversifié leurs activités économiques en investissant dans des cultures complémentaires (telles que la banane, la banane plantain ou l'agroforesterie). Cela leur a permis de s'assurer des revenus supplémentaires et de réduire leur dépendance à l'égard du cacao.

4. Accès au crédit et amélioration des conditions d'investissement

Un autre facteur clé de l'émergence de cette nouvelle classe moyenne a été l'accès au financement et au crédit. Les politiques publiques, souvent en partenariat avec des institutions financières et des ONG, ont facilité l'accès aux prêts et subventions agricoles. Accès au crédit : grâce à l'organisation de coopératives et à la mise en place de mécanismes de financement adaptés, certains producteurs ont pu accéder à des prêts à faible taux d'intérêt pour moderniser leur exploitation. Ceci a permis l'achat d'intrants de qualité, d'équipements modernes et d'infrastructures pour la transformation locale du cacao. L'accès au crédit a permis à certains producteurs de réaliser des investissements à long terme dans la transformation du cacao ou dans des projets agro-industriels locaux, tels que la construction de petites usines de transformation du cacao ou de minoteries.

5. Augmentation des revenus et amélioration des conditions de vie

L'un des résultats les plus marquants de l'émergence de la classe moyenne dans le secteur du cacao est l'augmentation des revenus des producteurs et l'amélioration significative de leurs conditions de vie. L'amélioration de leur statut économique a contribué à un changement notable de leurs habitudes de consommation, de leur accès aux services sociaux et de leur capacité à investir dans l'éducation et la santé. Augmentation du pouvoir d'achat : l'augmentation des rendements et des prix, combinée à un meilleur accès aux marchés et au financement, a permis à certains cultivateurs de cacao de voir leurs revenus augmenter de manière substantielle. Cela a eu un impact positif sur leur pouvoir d'achat, leur permettant d'accéder à des biens de consommation durables tels que des véhicules, des équipements ménagers modernes et même des biens immobiliers. Amélioration des infrastructures locales : L'amélioration des conditions économiques a également conduit à une amélioration des infrastructures locales (routes, écoles, centres de santé), grâce à l'augmentation des investissements privés dans les zones rurales.

6. L'émergence d'une culture entrepreneuriale

L'émergence d'une nouvelle classe moyenne dans le secteur du cacao est également marquée par l'émergence d'une culture entrepreneuriale chez les agriculteurs. Nombre d'entre eux ont compris que la simple culture du cacao ne suffisait plus et ont commencé à diversifier leurs activités ou à s'impliquer dans la transformation locale du cacao afin d'augmenter la valeur ajoutée de leur production. Certains producteurs se sont lancés dans des activités annexes, telles que la fabrication de produits dérivés du cacao (beurre de cacao, pâte de cacao, chocolat), ou des services connexes tels que le transport et la vente de matériel agricole. Développement d'un réseau commercial local : En s'organisant en groupements ou en coopératives, ces nouveaux entrepreneurs ont pu créer des réseaux commerciaux locaux et des débouchés pour leurs produits, contribuant ainsi à créer de nouvelles sources de revenus pour leurs communautés.

7. Impact social et socio-économique

L'émergence de cette classe moyenne a eu un impact profond sur les structures sociales des communautés rurales. L'amélioration du niveau de vie des cultivateurs de cacao a contribué à une meilleure qualité de vie pour leurs familles et à une réduction de la pauvreté dans certaines régions.

Un meilleur accès à l'éducation et aux soins de santé : Grâce à l'augmentation de leurs revenus, de nombreux producteurs ont pu scolariser leurs enfants et améliorer l'accès aux soins de santé. L'augmentation du nombre de producteurs bénéficiant de revenus stables et plus élevés a renforcé la stabilité économique des communautés rurales et, par conséquent, favorisé l'amélioration des infrastructures locales et des services sociaux. L'émergence d'une nouvelle classe moyenne dans le secteur du cacao au Cameroun repose sur un certain nombre de facteurs interdépendants, allant de l'amélioration des pratiques agricoles et de l'accès au financement, à la structuration des producteurs en coopératives et à l'accès aux marchés internationaux. Ce processus a permis à certains producteurs de cacao d'échapper à la pauvreté, d'améliorer leur qualité de vie et de jouer un rôle central dans le développement économique et social des zones rurales. Cependant, des défis subsistent, notamment en ce qui concerne la durabilité à long terme de cette classe moyenne et la nécessité d'assurer une répartition plus équitable des gains au sein du secteur.

- Définition de la classe moyenne et critères d'appartenance

La classe moyenne est un concept socio-économique qui désigne un groupe social dont les conditions de vie et de travail se situent entre celles de la classe ouvrière et celles de la classe supérieure. Elle est généralement associée à un niveau de revenu, de consommation et de mode de vie qui permet à ses membres de satisfaire leurs besoins fondamentaux, d'investir dans des biens de consommation durables et d'accéder à certains services tels que l'éducation, la santé et le logement, tout en ayant des perspectives de mobilité sociale. Le concept de classe moyenne varie selon les contextes économiques, politiques et culturels, mais repose généralement sur un ensemble de critères définis en fonction des revenus, des niveaux de consommation, de l'éducation et des conditions de travail. Dans le cadre d'une étude sur l'émergence de la classe moyenne dans la filière cacao au Cameroun, il est essentiel de préciser ces critères afin d'évaluer l'appartenance des cacaoculteurs à cette catégorie sociale.

- Critères de définition de la classe moyenne

Les critères de définition de la classe moyenne varient selon le contexte, mais en général, plusieurs éléments sont considérés comme permettant d'identifier les membres de cette classe dans un environnement socio-économique particulier :

- Revenu et niveau de vie

Le revenu reste l'un des principaux critères pour déterminer le statut de la classe moyenne. La classe moyenne se caractérise par un revenu stable suffisant pour couvrir les besoins de base (logement, alimentation, éducation, soins de santé), tout en permettant un certain niveau de confort et l'accès à des biens et services non essentiels. Pour un producteur de cacao, le revenu peut provenir principalement de la vente de la production de cacao, mais aussi d'autres activités génératrices de revenus. Ce revenu doit être supérieur à celui des classes populaires, mais inférieur à celui des classes supérieures. Par exemple, au Cameroun, un cacaoculteur dont le revenu annuel dépasse un certain seuil défini par l'INSEE ou d'autres institutions économiques nationales peut être considéré comme appartenant à cette catégorie. Les producteurs de cacao ayant un revenu stable grâce à leur appartenance à des coopératives ou à des contrats avec des acteurs de l'industrie sont plus susceptibles d'appartenir à cette classe. La certification du cacao (Fairtrade,

Rainforest Alliance) permet également d'obtenir des prix plus élevés, ce qui contribue à la stabilité des revenus.

- Accès à la consommation et aux biens durables

Les membres de la classe moyenne ont généralement accès à des biens de consommation durables, tels que des véhicules, des appareils ménagers et des biens immobiliers. L'achat d'un véhicule, d'une maison ou d'un terrain peut être un indicateur de la classe moyenne. Les producteurs de cacao qui sont en mesure d'acheter régulièrement des biens matériels ou de réinvestir une partie de leurs revenus dans des projets à long terme (éducation des enfants, construction de logements) sont des candidats typiques de cette classe. L'accès à une éducation et à des soins de santé de qualité est un autre indicateur clé. Les personnes qui peuvent envoyer leurs enfants dans des écoles privées ou semi-privées et qui ont accès à des soins de santé modernes comme dans les grandes villes Douala-Yaoundé sont souvent considérées comme appartenant à cette classe.

- Éducation et qualifications professionnelles

L'éducation est souvent considérée comme un vecteur de mobilité sociale et un indicateur important du statut de la classe moyenne. Les producteurs qui ont eu accès à une forme d'éducation ou de formation, que ce soit au niveau secondaire ou tertiaire, sont généralement considérés comme appartenant à la classe moyenne. La formation aux techniques agricoles modernes ou à la gestion des coopératives est un facteur déterminant pour l'inclusion dans cette catégorie. Certains producteurs peuvent avoir développé des compétences en gestion, en comptabilité ou dans d'autres domaines techniques, ce qui leur permet non seulement de produire, mais aussi de gérer les aspects économiques ou commerciaux de leur exploitation.

- Propriété et accumulation de capital

La classe moyenne dispose souvent de certains biens matériels qui symbolisent une certaine stabilité financière et la possibilité de réaliser des investissements à moyen ou long terme.

La possession d'un terrain ou d'un bien immobilier, comme une maison dans une zone urbaine ou suburbaine, est souvent un critère important. La classe moyenne est souvent propriétaire de petites propriétés ou de parcelles de terre, qu'elle cultive ou exploite. L'accumulation de capital productif (terres agricoles, matériel agricole, etc.) est un autre critère. Les cacaoculteurs capables d'investir dans la modernisation de leur exploitation et de développer des activités liées à la filière (transformation du cacao, commerce des sous-produits) appartiennent souvent à cette classe.

- Mobilité sociale

Au Cameroun, la classe moyenne se caractérise par un certain degré de mobilité sociale, c'est-à-dire la capacité de ses membres à améliorer leur statut social au fil du temps, grâce à l'accès à l'éducation, aux opportunités économiques et à l'amélioration des revenus. La mobilité ascendante est un critère important. Par exemple, un cultivateur de cacao qui réussit à augmenter ses rendements, à accéder à des marchés plus rémunérateurs ou à créer une petite entreprise autour de la transformation du cacao peut être perçu comme un membre de la classe moyenne émergente. La capacité à garantir un revenu stable, grâce à la diversification des sources de revenus ou à la signature de contrats à long terme avec des entreprises ou des coopératives, permet également de se rapprocher de la classe moyenne.

2. Critères d'appartenance à la classe moyenne dans le secteur du cacao

Dans le cas particulier des producteurs de cacao, plusieurs critères spécifiques peuvent être utilisés pour identifier ceux qui appartiennent à la classe moyenne émergente : Revenu annuel supérieur à la moyenne des petits producteurs : Producteurs de cacao disposant d'un revenu stable, suffisant pour assurer leur subsistance, mais aussi pour investir dans des biens durables et dans l'éducation de leurs enfants. Appartenance à des coopératives et accès à la certification : Les producteurs ayant accès à des prix rémunérateurs grâce à l'adhésion à une coopérative et à la certification de leurs produits bénéficient souvent de conditions économiques plus favorables, ce qui leur permet d'appartenir à cette classe. Capacité à réinvestir dans l'exploitation et dans des projets futurs : Les producteurs qui réinvestissent dans la modernisation de leurs outils de production, l'achat de terres supplémentaires ou la diversification de leurs activités économiques (transformation du cacao, vente d'autres produits agricoles) sont plus susceptibles d'appartenir à cette classe moyenne. Accès aux services de base : Les producteurs appartenant à cette classe moyenne peuvent également offrir à leur famille une meilleure qualité de vie (accès aux soins, à la scolarisation, à un logement décent).

La classe moyenne est un groupe social dont les membres disposent de revenus suffisants pour satisfaire leurs besoins de base, tout en étant capables d'investir pour améliorer leur qualité de vie et leur niveau d'éducation. Dans la filière cacao au Cameroun, l'émergence de cette classe se traduit par l'amélioration des rendements agricoles, l'accès à des marchés plus rémunérateurs et la diversification des activités économiques des producteurs. Les critères d'appartenance à cette classe comprennent donc des indicateurs économiques, sociaux et de mobilité, permettant de mesurer la transition des producteurs de cacao vers une situation plus stable et plus prospère.

Chapitre 4

Les acteurs sociaux et économiques de la nouvelle classe moyenne dans la filière cacao au Cameroun

L'émergence d'une nouvelle classe moyenne dans le secteur du cacao au Cameroun est le résultat de l'interaction de multiples acteurs sociaux et économiques qui influencent et facilitent le processus. Ces acteurs jouent un rôle clé dans l'amélioration de la situation socio-économique des cacaoculteurs. Leur influence se manifeste à travers les politiques publiques, les initiatives privées, les institutions financières et les structures de gouvernance des coopératives, entre autres.

1. Producteurs de cacao (agriculteurs)

Les producteurs de cacao sont les acteurs clés de l'émergence de la classe moyenne dans cette filière. Ce sont eux qui, par leur travail sur le terrain, génèrent la valeur ajoutée du secteur. Leur évolution économique, de petit exploitant à producteur de classe moyenne, est le résultat de plusieurs facteurs : L'amélioration des rendements et l'adoption de nouvelles pratiques agricoles : Les producteurs qui ont adopté des techniques agricoles modernes et des semences améliorées voient leurs rendements augmenter, ce qui leur permet de générer un revenu plus élevé. Grâce à des programmes de formation, ils sont mieux à même de gérer leur exploitation de manière plus efficace et d'intégrer des chaînes de valeur plus rémunératrices. L'adhésion à des coopératives permet à certains producteurs d'accéder à de meilleurs prix de vente, à des financements et à des formations. Cela leur permet de mieux gérer leurs ressources et d'améliorer leur position sur le marché.

2.   Coopératives agricoles et organisations de producteurs

Les coopératives agricoles jouent un rôle central dans le processus de structuration et de professionnalisation des producteurs de cacao. Elles permettent aux producteurs d'améliorer leur pouvoir de négociation et d'accéder à de meilleures conditions économiques. Collecte et commercialisation du cacao : Les coopératives facilitent la collecte et la vente du cacao en regroupant les producteurs et en centralisant la production pour obtenir des prix plus compétitifs sur les marchés nationaux et internationaux. Accès au financement et aux infrastructures : Elles facilitent l'accès à des crédits à faible taux d'intérêt pour permettre aux producteurs de moderniser leurs exploitations. De plus, elles donnent accès à des équipements collectifs et à des infrastructures.

Grâce à leur taille et à leur structure, les coopératives sont mieux à même d'obtenir des certifications internationales telles que Fairtrade ou Rainforest Alliance, ce qui leur permet de vendre à des prix plus élevés et d'accéder à des marchés de niche.

- L'Etat et les politiques publiques

L'Etat camerounais joue un rôle fondamental dans le soutien à l'émergence d'une classe moyenne dans la filière cacao, à travers la mise en place de politiques publiques visant à améliorer la compétitivité de la filière et à soutenir les producteurs. Réglementation et subventions : L'Etat met en place des réglementations pour favoriser l'accès au crédit agricole, des subventions pour l'achat de semences et d'engrais, et la mise en œuvre de politiques agricoles visant à améliorer les rendements. Il encourage également l'accès aux certifications internationales pour améliorer la compétitivité des producteurs sur le marché mondial. Le pouvoir public collabore avec des organisations non gouvernementales (ONG) et des institutions internationales pour dispenser des formations techniques et améliorer la recherche sur les techniques agricoles et la gestion de l'industrie du cacao. Les politiques de construction d'infrastructures rurales telles que les routes, les écoles, les centres de santé et les équipements agricoles améliorent directement les conditions de vie des producteurs et facilitent leur accès aux marchés.

3. Acteurs privés et industriels

Les acteurs privés, notamment les entreprises agro-industrielles, les investisseurs étrangers et les transformateurs de cacao, jouent également un rôle crucial dans l'émergence de cette nouvelle classe moyenne. Ils apportent des investissements et des opportunités économiques aux producteurs. Les grandes entreprises qui transforment le cacao en produits dérivés (poudre de cacao, chocolat, etc.) établissent des relations contractuelles avec les producteurs, souvent par l'intermédiaire de coopératives. Ces entreprises achètent le cacao en grandes quantités et offrent parfois des prix plus élevés que ceux du marché. Les investisseurs étrangers qui financent les infrastructures et les équipements agricoles apportent des ressources supplémentaires qui permettent aux producteurs d'augmenter leur capacité de production et d'accéder à des marchés mondiaux plus rémunérateurs. Les entreprises privées jouent un rôle dans l'obtention des certifications internationales du cacao, qui assurent une meilleure rémunération aux producteurs. Ces certifications, comme le commerce équitable, garantissent des prix plus stables et augmentent la compétitivité internationale des produits camerounais.

4. Institutions financières et bancaires

Les institutions financières, tant nationales qu'internationales, jouent un rôle clé dans le financement de l'expansion des exploitations et dans l'intégration des producteurs dans des circuits économiques plus formels. Les banques, les institutions de microfinance et les fonds d'investissement offrent des prêts à faible taux d'intérêt aux producteurs de cacao, leur permettant de financer l'achat de semences améliorées, d'équipements et d'installations de transformation. Au Cameroun, plusieurs banques et institutions de microfinance soutiennent le financement agricole. Voici une liste de quelques-unes d'entre elles : Banque Agricole du Cameroun (BAC), Société Générale du Cameroun (SGC), Banque Atlantique Cameroun, Banque commerciale du Cameroun (CBC), Banque Internationale du Cameroun pour l'Épargne et le Crédit (BICEC), Ecobank Cameroun, Union Camerounaise de Banques (UCB), Plusieurs institutions de microfinance au Cameroun financent également des projets agricoles, en particulier pour les petits producteurs et les exploitations agricoles. En voici quelques exemples : CAMMAC (Caisse Mutuelle d'Epargne et de Crédit), Caisse d'Epargne et de Crédit du Cameroun (CECAM), MEFE (Mutuelle des Etudiants et des Familles pour l'Epargne), Fonds de développement agricole du Cameroun (FODEC). Certains acteurs du secteur financier proposent des produits financiers spécifiquement adaptés aux besoins des producteurs, tels que l'assurance récolte, les prêts à long terme et les services d'épargne, contribuant ainsi à sécuriser les revenus des producteurs.

5. Organisations non gouvernementales (ONG) et organisations de développement

Les ONG jouent également un rôle important dans le soutien des initiatives visant à améliorer les conditions de vie et de travail des cacaoculteurs. Elles travaillent souvent en partenariat avec l'Etat, les entreprises et les coopératives pour mettre en œuvre des projets de développement local. Les ONG proposent des programmes de formation pour améliorer les compétences techniques des producteurs et les aider à gérer leurs finances. Elles organisent également des campagnes de sensibilisation aux bonnes pratiques agricoles. Les ONG soutiennent les producteurs dans l'obtention de certifications internationales et les aident à mettre en œuvre des pratiques agricoles durables et respectueuses de l'environnement.

6. Les consommateurs internationaux

Les consommateurs internationaux jouent également un rôle indirect mais essentiel dans l'émergence de la classe moyenne de l'industrie cacaoyère. Le marché mondial du cacao, en particulier celui des produits certifiés (par exemple le commerce équitable), influence les prix et la demande de cacao camerounais. Les consommateurs des pays développés, notamment en Europe et en Amérique du Nord, sont de plus en plus sensibles à l'origine et à la qualité des produits qu'ils achètent. Cela pousse les producteurs à adopter des pratiques agricoles plus modernes et à se conformer aux normes internationales, ce qui garantit des prix plus élevés et des revenus plus importants pour ceux qui peuvent répondre à ces exigences.

Les acteurs sociaux et économiques de la nouvelle classe moyenne de la filière cacao au Cameroun sont multiples et interconnectés. Les producteurs, les coopératives, l'Etat, les entreprises privées, les institutions financières, les ONG et les consommateurs internationaux contribuent tous à la transformation de la filière et à l'émergence de cette classe moyenne. Chacun de ces acteurs joue un rôle clé dans l'amélioration des conditions économiques et sociales des producteurs de cacao, leur permettant d'augmenter leurs revenus, d'atteindre une meilleure qualité de vie et d'investir dans le développement durable de leurs exploitations.

Chapitre 5

Facteurs favorisant l'émergence d'une classe moyenne dans la filière cacao au Cameroun

L'émergence d'une nouvelle classe moyenne dans la filière cacao au Cameroun est le résultat de l'interaction de plusieurs facteurs sociaux, économiques et politiques. Ces facteurs jouent un rôle crucial pour faciliter l'accession des cacaoculteurs à un niveau de vie plus élevé, leur permettant de sortir de la pauvreté et d'accéder à un relatif confort, voire à une certaine prospérité. Ces facteurs peuvent être classés en facteurs structurels, économiques, technologiques, politiques et sociaux.

1.   Améliorer les rendements et la productivité agricole

L'augmentation de la productivité est un facteur clé pour permettre aux cultivateurs de cacao de générer des revenus suffisants pour rejoindre la classe moyenne. L'introduction de semences améliorées, de pratiques agricoles durables (telles que l'agriculture de conservation) et l'utilisation d'engrais et d'outils modernes contribuent à augmenter les rendements par hectare. Cette amélioration de la production permet aux cultivateurs de cacao d'augmenter leurs revenus. De nombreuses initiatives gouvernementales et non gouvernementales proposent des formations aux producteurs afin d'améliorer la gestion de leurs exploitations. Ces cours permettent de mieux comprendre l'importance de la gestion de la fertilité des sols, de l'irrigation, de la lutte contre les maladies et d'une meilleure gestion post-récolte.

2. L'accès à des marchés plus rémunérateurs

L'accès à des marchés plus rémunérateurs joue un rôle clé dans l'amélioration des revenus des cacaoculteurs et donc dans l'émergence de la classe moyenne : en améliorant la qualité de leur production et en mettant en place des circuits de commercialisation plus efficaces (via des coopératives ou des partenariats avec des entreprises industrielles), certains cacaoculteurs accèdent aux marchés internationaux où la demande en cacao de qualité est forte. Cela leur permet d'obtenir de meilleurs prix. L'obtention de certifications telles que Fairtrade, Rainforest Alliance ou UTZ donne aux producteurs un accès privilégié à des marchés de niche plus rémunérateurs. Ces certifications garantissent non seulement une meilleure rémunération, mais aussi une meilleure régulation de la production, augmentant ainsi la durabilité de l'entreprise. De nombreuses entreprises, en partenariat avec des coopératives, signent des contrats à long terme avec les producteurs, garantissant un prix plus stable pour leur production, ce qui leur permet de mieux planifier leurs revenus et d'assurer leur stabilité économique.

3. Politiques publiques et soutien gouvernemental

Des politiques publiques favorables jouent un rôle fondamental dans l'émergence d'une classe moyenne au sein de l'industrie cacaoyère. Par ses réformes et ses interventions, le pouvoir public camerounais contribue à l'amélioration des conditions de vie et de travail des producteurs de cacao :

L'État a mis en place des programmes de subvention pour l'achat de semences améliorées, d'engrais et de matériel agricole. En outre, des crédits agricoles à faible taux d'intérêt sont mis à la disposition des producteurs pour financer l'achat de ces intrants, ainsi que l'achat d'équipements de transformation. Le développement des infrastructures rurales (routes, écoles, hôpitaux, centres de transformation du cacao) facilite l'accès au marché et réduit les coûts de transport. Cela permet également d'améliorer les conditions de vie des producteurs, en facilitant l'accès aux services essentiels tels que l'éducation et la santé. Les autorités publiques mettent également en œuvre des programmes de formation et d'éducation pour aider les producteurs à améliorer leurs compétences techniques et la gestion de leur exploitation.

4.   Structurer et organiser les producteurs en coopératives

Les coopératives agricoles et les organisations de producteurs jouent un rôle majeur dans l'émergence de la classe moyenne, car elles offrent aux producteurs un cadre plus structuré pour gérer leur production, accéder au financement et mieux négocier leurs prix de vente : Grâce aux coopératives, les producteurs peuvent accéder à un financement collectif pour améliorer leurs infrastructures, acquérir des équipements modernes et gérer leurs exploitations de manière plus efficace. En se regroupant, les producteurs ont plus de pouvoir pour négocier des prix plus élevés, que ce soit pour leur production primaire (fèves de cacao) ou pour leurs produits transformés (chocolat, pâte de cacao, etc.). Ils peuvent également avoir un meilleur accès aux contrats avec les entreprises de transformation du cacao.

5. Accès aux nouvelles technologies et à la digitalisation

L'accès aux nouvelles technologies et aux outils numériques est un facteur clé pour améliorer le niveau de vie des cultivateurs de cacao et les intégrer dans les circuits économiques formels : Les technologies telles que les drones, les capteurs pour surveiller les cultures, ou l'utilisation de technologies pour l'irrigation et la gestion des sols permettent de maximiser les rendements et de réduire les coûts. Cela contribue directement à augmenter la rentabilité des exploitations de cacao. L'utilisation de plateformes numériques pour la commercialisation du cacao, pour obtenir des informations sur les prix du marché ou pour accéder à des services financiers et de crédit permet aux producteurs de mieux gérer leurs activités économiques et de renforcer leur position sur le marché.

6. Évolution des pratiques de consommation et demande croissante de cacao de qualité

L'évolution des pratiques de consommation et l'augmentation de la demande internationale de cacao ont un impact significatif sur le secteur du cacao et contribuent à la création d'une classe moyenne : la demande croissante de produits certifiés, respectueux de l'environnement et équitables (commerce équitable, biologique, etc.) a permis à certains producteurs de cacao d'obtenir des prix plus élevés. Cette demande pousse les producteurs à adopter des pratiques agricoles plus durables, tout en améliorant leurs revenus. L'augmentation de la consommation de chocolat dans de nombreux pays, notamment en Europe et en Asie, crée des opportunités pour les producteurs de cacao de vendre leurs produits à des prix plus rémunérateurs, améliorant ainsi leur situation économique.

7.   Accès à l'éducation et à la formation

L'éducation est un facteur clé dans la transition des cacaoculteurs vers la classe moyenne. L'accès à l'éducation permet aux producteurs de diversifier leurs activités, d'accroître leurs compétences techniques et de mieux gérer leurs exploitations : La formation technique en agriculture, en gestion agricole et en transformation du cacao permet aux producteurs d'améliorer la qualité de leur produit et de diversifier leurs sources de revenus. L'augmentation des compétences des producteurs est un facteur majeur de la compétitivité de l'industrie du cacao et, à terme, de leur accession à la classe moyenne.

Les producteurs qui sont en mesure de financer la scolarité de leurs enfants, en particulier dans les domaines liés à l'agro-industrie, créent un cercle vertueux qui permet à la génération suivante de mieux gérer l'exploitation et d'accéder à des opportunités économiques plus larges. L'émergence d'une classe moyenne dans le secteur du cacao au Cameroun est le résultat d'une combinaison de facteurs structurels, économiques, politiques et sociaux. L'amélioration de la productivité, l'accès à des marchés plus rémunérateurs, le soutien du gouvernement, la structuration des producteurs en coopératives, l'utilisation de technologies modernes, la demande croissante de produits certifiés et l'accès à l'éducation sont autant de facteurs qui favorisent directement l'accession des producteurs de cacao à un statut socio-économique plus élevé. Ces facteurs contribuent à la transformation du secteur du cacao en un secteur plus dynamique et plus compétitif, amenant de nouveaux acteurs socio-économiques dans la société camerounaise.

Chapitre 6

Dynamiques intergénérationnelles et sociales dans la filière cacao au Cameroun

Les dynamiques intergénérationnelles et sociales dans le secteur cacaoyer au Cameroun jouent un rôle fondamental dans la structuration et l'évolution de ce secteur. Ces dynamiques influencent la manière dont les différents groupes sociaux, en particulier les jeunes générations et les générations plus âgées, interagissent au sein des exploitations, et comment ces interactions façonnent la transition vers une nouvelle classe moyenne dans le secteur cacaoyer. Les dynamiques sociales et intergénérationnelles sont liées aux pratiques culturelles, aux relations familiales, à la transmission des connaissances et aux développements sociaux et économiques dans les communautés rurales.

1.   Transmission des connaissances et des pratiques agricoles

La transmission intergénérationnelle des connaissances et des pratiques agricoles est essentielle pour assurer la durabilité de l'industrie cacaoyère. Les générations plus âgées, souvent les parents ou les grands-parents, jouent un rôle majeur dans l'enseignement des techniques agricoles traditionnelles et des pratiques culturelles liées à la production de cacao : les parents et les aînés enseignent aux jeunes générations les techniques agricoles traditionnelles qui ont été transmises de génération en génération. Ces connaissances comprennent la gestion des cultures, la récolte, le traitement post-récolte et le respect des cycles naturels. Cependant, ces connaissances doivent parfois être adaptées à l'évolution des pratiques agricoles modernes et aux défis environnementaux. Un équilibre doit être trouvé entre les connaissances traditionnelles et les innovations technologiques. Les jeunes générations, quant à elles, sont souvent plus ouvertes aux nouvelles techniques agricoles et peuvent, par leur éducation, apporter des innovations dans la gestion des cacaoyères.

2. Relations familiales et sociales dans les exploitations cacaoyères

Les relations sociales et familiales sont un autre aspect important de la dynamique intergénérationnelle. La plupart des exploitations cacaoyères au Cameroun sont petites et familiales. Les dynamiques sociales au sein des familles jouent un rôle central dans le développement des exploitations : les jeunes, en particulier les enfants d'agriculteurs, sont généralement impliqués dans les travaux agricoles, souvent en collaboration avec les parents et les aînés. Cependant, il existe une division dynamique du travail au sein de la famille, où les tâches plus lourdes et plus techniques sont souvent confiées aux adultes, tandis que les jeunes générations participent à des tâches moins exigeantes. Lorsque les jeunes prennent une part plus importante dans la gestion de l'exploitation, notamment par l'introduction de nouvelles technologies ou par la diversification des activités agricoles, il peut y avoir des tensions entre les générations plus âgées, attachées aux méthodes traditionnelles, et les jeunes, plus ouverts à l'innovation.

3. L'exode rural et l'attraction des jeunes vers les villes

L'un des défis majeurs de la dynamique intergénérationnelle dans le secteur cacaoyer est l'exode rural des jeunes vers les zones urbaines. Les jeunes, en particulier ceux qui ont été scolarisés ou qui ont reçu une formation technique, sont souvent attirés par les opportunités offertes par les villes, telles que l'accès à des emplois dans le secteur industriel ou commercial, ou à l'enseignement supérieur. Cet exode rural a un certain nombre d'impacts sur le secteur du cacao : le départ des jeunes vers les villes réduit la main-d'œuvre disponible dans les exploitations cacaoyères. Cela met la pression sur les générations plus âgées, qui doivent maintenir les exploitations avec un nombre réduit de travailleurs. Les jeunes générations, qui restent souvent dans les zones urbaines ou y migrent, ont tendance à rechercher des opportunités d'emploi non agricoles. Elles perçoivent moins l'agriculture comme un secteur rentable et viable à long terme, ce qui peut réduire les investissements dans la production de cacao.

Cependant, une dynamique inverse commence à se mettre en place, avec l'émergence de nouvelles formes de valorisation de l'agriculture (agriculture de proximité, agriculture biologique, culture durable). Les jeunes, qui reviennent en milieu rural après une formation ou une expérience en milieu urbain, apportent de nouvelles idées et l'espoir de revitaliser le secteur du cacao.

4. Le rôle des femmes dans la filière cacao

Les dynamiques sociales et intergénérationnelles dans les exploitations cacaoyères du Cameroun sont également marquées par le rôle joué par les femmes dans la cacaoculture. Les femmes jouent un rôle fondamental, et souvent invisible, dans la production et la transformation du cacao : non seulement elles participent à la récolte et à la transformation du cacao, mais elles sont également responsables de la gestion des finances du ménage liées aux revenus générés par la culture. Leur rôle dans la gestion des ressources familiales les place au cœur de l'évolution économique des exploitations cacaoyères.

Les femmes transmettent souvent leur savoir-faire à leurs filles, perpétuant ainsi les pratiques agricoles, mais aussi les connaissances relatives à la transformation du cacao en produits dérivés (poudres, huiles, etc.). Cependant, elles sont souvent confrontées à des inégalités en termes d'accès à la formation et aux ressources financières pour améliorer la productivité. Les femmes représentent donc un levier important pour le progrès socio-économique des communautés rurales dans le secteur du cacao, et les politiques visant à promouvoir leur autonomie et leur développement peuvent avoir un impact significatif sur l'émergence de la classe moyenne.

5.   L'influence des changements sociaux et culturels

Les changements sociaux et culturels, y compris les valeurs familiales et la perception du travail agricole, influencent également la dynamique intergénérationnelle. Les jeunes générations sont de plus en plus influencées par des valeurs sociétales urbaines, telles que la recherche de la modernité et de meilleures conditions de vie, créant parfois une rupture avec les générations plus anciennes qui restent attachées aux valeurs agricoles traditionnelles.

Modernisation des pratiques agricoles : Les jeunes, souvent mieux formés et plus ouverts à l'innovation, contribuent à la modernisation des pratiques agricoles, comme l'introduction des technologies numériques et des techniques d'agriculture de précision. Cette dynamique contribue à l'amélioration de la productivité et à la création de valeur ajoutée, soutenant l'émergence d'une classe moyenne. Les jeunes générations, souvent plus sensibilisées aux enjeux du développement durable et de la consommation responsable, influencent les pratiques agricoles et les choix des producteurs. Ces nouvelles valeurs, qui prônent une agriculture durable et respectueuse de l'environnement, peuvent stimuler l'adoption de nouvelles pratiques et la valorisation de produits de qualité.

6.   **Mobilité sociale au sein des communautés**

La mobilité sociale au sein des communautés rurales est un facteur important qui contribue à l'émergence d'une classe moyenne dans l'industrie cacaoyère. Les jeunes générations, dotées de nouvelles compétences acquises grâce à l'éducation et à la formation, peuvent accéder à des niveaux sociaux et économiques plus élevés : L'accès à l'éducation, tant dans les zones rurales qu'urbaines, permet aux jeunes de diversifier leurs sources de revenus et de se former à des emplois dans la transformation du cacao ou dans des secteurs agricoles connexes. Certains jeunes peuvent même quitter l'agriculture pour occuper des emplois dans l'industrie du cacao ou les services connexes, créant ainsi un lien plus étroit entre l'agriculture traditionnelle et les secteurs urbains. La possibilité pour les jeunes de participer à d'autres activités économiques, telles que l'entrepreneuriat dans la transformation du cacao ou la commercialisation des sous-produits, ouvre de nouvelles perspectives de mobilité sociale et de création de valeur dans les communautés rurales.

Les dynamiques intergénérationnelles et sociales dans l'industrie du cacao au Cameroun sont fondamentales pour comprendre l'émergence de la nouvelle classe moyenne dans ce secteur. La transmission des savoirs agricoles, les relations familiales au sein des exploitations, la mobilité géographique et sociale, l'implication des femmes et des jeunes sont des éléments clés de la transformation socio-économique des communautés rurales. Ces dynamiques, influencées par les évolutions sociales et culturelles, contribuent à renforcer la durabilité et la compétitivité de la filière cacao, tout en soutenant l'ascension socio-économique de ses acteurs.

Chapitre 7

L'impact socio-économique de l'émergence de la nouvelle classe moyenne dans la filière cacao au Cameroun

L'émergence de cette nouvelle classe moyenne dans la filière cacao au Cameroun représente un changement majeur pour les producteurs, les communautés rurales et l'économie nationale dans son ensemble. Cette évolution socio-économique génère des impacts profonds à différents niveaux, notamment en termes de développement local, de redistribution des revenus, de transformation des modes de vie et de participation à l'économie nationale. Les conséquences de cette émergence sont multiples, couvrant à la fois les domaines sociaux et économiques, et influençant le paysage rural et urbain du pays.

1.   Impact sur les revenus des agriculteurs et la réduction de la pauvreté

L'un des premiers effets, et le plus évident, de l'émergence d'une classe moyenne dans le secteur du cacao est l'augmentation des revenus des cacaoculteurs de 500mille/an/ménage à quatre à dix million l'an. Cette dynamique est favorisée par plusieurs facteurs, dont l'amélioration des rendements, l'accès à des marchés plus rémunérateurs et à des chaînes de valeur plus efficaces. L'accès à des prix plus élevés grâce à la qualité du cacao, aux certifications internationales et aux partenariats avec des entreprises industrielles permet aux cultivateurs de cacao de générer des revenus suffisants pour améliorer leur niveau de vie. Cela contribue à réduire la pauvreté dans les zones rurales en offrant des opportunités économiques plus stables et durables. Grâce à l'accès aux ressources et au financement, les producteurs peuvent diversifier leurs activités économiques (culture d'autres produits, transformation du cacao en sous-produits ou projets d'élevage), ce qui réduit leur dépendance à l'égard d'une seule source de revenus et améliore leur sécurité économique. L'augmentation des revenus permet aux producteurs d'améliorer leurs conditions de vie, d'accéder à de meilleurs soins de santé, d'améliorer la scolarité de leurs enfants et d'investir dans des infrastructures domestiques plus modernes.

2. Renforcer les infrastructures locales et le développement rural

Le développement de la classe moyenne de l'industrie cacaoyère a un impact direct sur les infrastructures et le développement local, grâce à l'augmentation des investissements dans les zones rurales. Les cultivateurs de cacao investissent dans les infrastructures rurales de base telles que les routes, les marchés et les centres de traitement du cacao, grâce à l'augmentation de leurs revenus. Ces infrastructures favorisent non seulement la production mais aussi la commercialisation du cacao, en réduisant les coûts logistiques et en améliorant l'accès aux marchés locaux et internationaux. Les communautés rurales bénéficient d'un meilleur accès aux services sociaux essentiels. L'augmentation des revenus permet à ces communautés de mieux financer la scolarité de leurs enfants, d'accéder à des soins de santé plus appropriés et de jouir de meilleures conditions de vie. Cela contribue à réduire les inégalités entre les zones rurales et urbaines. L'émergence d'une classe moyenne dans le secteur du cacao génère également de nouveaux emplois dans la transformation du cacao, la logistique, la vente et les services connexes. De plus, les exploitations agricoles devenant plus rentables, elles sont en mesure de recruter des ouvriers et des techniciens, créant ainsi une économie locale dynamique.

3.   Impact sur la consommation et la structure de la demande

L'émergence d'une classe moyenne dans l'industrie cacaoyère modifie les modèles de consommation et de demande des cacaoculteurs et des populations rurales. Une fois leur niveau de vie amélioré, les cacaoculteurs commencent à consommer davantage de biens et services produits localement, voire importés, tels que des produits alimentaires diversifiés, des appareils ménagers, des véhicules, etc. Cela dynamise les marchés locaux et stimule la demande de cacao. Cela stimule les marchés locaux et la demande de cacao. Cela stimule les marchés locaux et la croissance de nouveaux secteurs économiques (construction, commerce, services). L'augmentation des revenus entraîne un changement dans le mode de vie et les habitudes de consommation des producteurs. Il y a une forte tendance à privilégier les biens de consommation durables, à améliorer les conditions de logement et à investir dans la scolarisation des enfants. Cela peut également conduire à une plus grande demande de produits alimentaires de meilleure qualité et plus diversifiés, augmentant ainsi la consommation de produits dérivés du cacao et d'autres produits agricoles.

4. Impact sur les pratiques agricoles et l'innovation

L'émergence de la classe moyenne encourage l'adoption de nouvelles pratiques agricoles, notamment grâce à un meilleur accès au financement, à la technologie et à la formation. L'accès aux financements et aux technologies modernes permet aux producteurs de cacao de moderniser leurs exploitations. Cela inclut l'utilisation de semences améliorées, de techniques d'irrigation modernes et la mécanisation des tâches agricoles. Cette modernisation permet d'augmenter les rendements, d'améliorer la lutte contre les maladies et de minimiser l'impact de la culture sur l'environnement. Les producteurs de cacao de la classe moyenne ont les moyens d'investir dans la transformation du cacao. Au lieu de se contenter de vendre les fèves brutes, certains cultivateurs investissent dans des usines de transformation locales, produisant des sous-produits tels que la pâte de cacao, le chocolat en poudre et d'autres produits à valeur ajoutée. Cette diversification crée de nouvelles opportunités de revenus et de la valeur pour l'économie locale.

L'augmentation des revenus permet également aux producteurs d'investir dans des pratiques agricoles durables et respectueuses de l'environnement. Les producteurs peuvent se tourner vers l'agriculture biologique ou la production de cacao certifié (biologique, commerce équitable, etc.), répondant ainsi à la demande internationale de produits éthiques et améliorant la durabilité du secteur.

5. Impact sur l'éducation et le capital humain

L'émergence d'une classe moyenne dans le secteur du cacao a également des répercussions sur le capital humain, principalement à travers l'éducation des jeunes générations et l'amélioration des qualifications professionnelles. L'une des premières priorités des familles qui parviennent à améliorer leur niveau de vie est souvent l'éducation de leurs enfants. Des revenus plus élevés se traduisent par une meilleure scolarisation et une plus grande diversité des possibilités de formation pour les jeunes. Cela encourage les générations futures à améliorer leurs compétences, afin qu'elles puissent à leur tour participer à la transformation et à la modernisation de l'industrie cacaoyère. L'accès à des formations spécialisées, notamment dans la gestion des exploitations, l'agro-industrie et la transformation du cacao, permet à la jeune génération de se diversifier dans des secteurs connexes. Ils acquièrent des compétences techniques et professionnelles qui leur permettent de mieux gérer des exploitations à plus grande échelle et d'élargir leurs horizons professionnels.

6. Impact sur les inégalités sociales et la cohésion sociale

L'ascension de certaines catégories de producteurs vers la classe moyenne peut également contribuer à réduire les inégalités sociales et à favoriser une plus grande cohésion sociale. L'émergence d'une classe moyenne dans le secteur du cacao peut contribuer à réduire les inégalités entre les producteurs de cacao, en offrant une plus grande équité dans l'accès aux ressources, au financement et aux marchés. Les programmes de formation et de soutien à la productivité peuvent contribuer à la redistribution des revenus. L'amélioration des conditions économiques dans les communautés rurales favorise une plus grande stabilité sociale. Des revenus plus élevés augmentent la participation des producteurs à la prise de décision locale, renforcent les réseaux sociaux et améliorent le dialogue intergénérationnel.

L'émergence d'une nouvelle classe moyenne dans le secteur du cacao au Cameroun a un impact socio-économique significatif, tant au niveau individuel que communautaire. Elle contribue à réduire la pauvreté, à moderniser les pratiques agricoles, à améliorer les conditions de vie et à diversifier l'économie locale. Il a également un impact positif sur le développement de l'éducation, l'innovation et l'accès aux services sociaux. Cependant, des défis subsistent, notamment en termes de durabilité et de réduction des inégalités sociales, mais les tendances actuelles montrent qu'une classe moyenne émergente dans ce secteur peut jouer un rôle clé dans la transformation socio-économique du Cameroun rural.

Chapitre 8

Répercussions sur les communautés rurales de l'émergence d'une nouvelle classe moyenne dans la filière cacao au Cameroun

L'émergence d'une nouvelle classe moyenne dans la filière cacao au Cameroun a des répercussions profondes et variées sur les communautés rurales. Ces transformations influencent non seulement la structure socio-économique de ces communautés, mais aussi leurs dynamiques sociales, culturelles et environnementales. Si cette émergence apporte des avantages importants, elle génère également certains défis qu'il convient d'examiner.

1.   Améliorer les conditions de vie et réduire la pauvreté

L'augmentation des revenus des cultivateurs de cacao contribue à réduire la pauvreté dans les communautés rurales. L'accès à des revenus plus élevés et plus stables grâce aux exportations de cacao ou à la vente de sous-produits crée un cercle vertueux qui a un impact sur l'ensemble de la communauté. L'amélioration des revenus permet aux familles d'accéder plus facilement aux services essentiels tels que l'éducation, les soins de santé et l'eau potable. Les investissements dans les infrastructures locales, comme la construction de routes ou l'accès à l'électricité, sont également facilités, ce qui a un impact direct sur la qualité de vie des résidents locaux. L'augmentation des revenus entraîne une hausse de la scolarisation des enfants, en particulier des filles, qui étaient auparavant moins susceptibles d'accéder à l'éducation en raison de contraintes économiques. Cela contribue à l'autonomisation de la jeune génération et à un changement de mentalité quant à l'importance de l'éducation.

2.   Diversification des activités économiques

L'émergence d'une classe moyenne dans l'industrie du cacao stimule la diversification économique des communautés rurales. Les cacaoculteurs et les autres membres de la communauté sont encouragés à diversifier leurs activités, ce qui contribue à réduire leur dépendance exclusive à l'égard de l'agriculture traditionnelle. Les producteurs investissent dans des activités connexes telles que la transformation du cacao, le commerce des sous-produits, voire la création de petites entreprises locales. Par exemple, la production de chocolat, de pâte de cacao ou la commercialisation de produits locaux diversifiés devient une source de revenus supplémentaire pour la communauté.

La croissance de la classe moyenne dans le secteur du cacao peut également stimuler la création de petites entreprises locales dans des secteurs tels que la transformation agro-industrielle, la logistique et les services (magasins, restaurants, transport). Cela contribue à la création d'emplois dans les communautés rurales et à l'émergence d'un tissu entrepreneurial local.

3.   Renforcer les infrastructures et les services locaux

L'amélioration du niveau de vie des communautés rurales passe par le renforcement des infrastructures locales. L'augmentation des revenus permet aux producteurs, mais aussi à la communauté, d'investir dans les infrastructures de base. Les producteurs, devenus plus riches, investissent dans la réhabilitation des routes, la construction de ponts ou la création de centres locaux de transformation du cacao. Cela facilite l'accès aux marchés, réduit les coûts de transport et améliore l'intégration des communautés rurales dans l'économie nationale. L'amélioration de l'accès aux soins de santé et à l'éducation, soutenue par des revenus locaux plus élevés, a un impact positif sur la santé publique et le bien-être des populations rurales. Les communautés bénéficient d'une meilleure couverture sanitaire et d'un accès à une éducation de qualité, ce qui contribue à une amélioration globale des conditions de vie.

4.   **Changements sociaux et culturels**

L'émergence d'une classe moyenne dans le secteur du cacao entraîne des changements sociaux majeurs dans les communautés rurales. Cela affecte les relations intergénérationnelles, la structure familiale et les valeurs sociales. L'augmentation des revenus et la transition vers une classe moyenne entraînent un changement des aspirations sociales au sein des communautés rurales. Les jeunes générations, en particulier, adoptent des valeurs urbaines, telles que la recherche de la modernité, du confort et de nouvelles opportunités professionnelles. Cela peut entraîner une rupture des traditions agricoles et des pratiques culturelles ancestrales, en particulier chez les jeunes qui migrent vers les zones urbaines à la recherche de meilleures opportunités.

L'émergence d'une classe moyenne influencée par des modèles sociaux modernes peut avoir des effets positifs sur l'autonomisation des femmes dans les communautés rurales. Les femmes, qui jouent un rôle crucial dans la production et la transformation du cacao, peuvent voir leurs droits et responsabilités renforcés, avec des possibilités d'accès à la formation, au financement et aux opportunités économiques.

## 5.	Impact environnemental et pratiques agricoles durables

L'émergence d'une classe moyenne dans l'industrie du cacao a également un impact environnemental important, notamment en ce qui concerne la gestion des exploitations. L'augmentation des revenus permet aux producteurs d'investir dans des pratiques agricoles plus durables. Certains producteurs choisissent d'adopter des techniques agricoles modernes et respectueuses de l'environnement (agriculture biologique, agroforesterie, etc.), réduisant ainsi l'impact environnemental de la culture du cacao. À mesure que leurs revenus augmentent, certains producteurs sont également plus enclins à investir dans des technologies vertes, telles que l'irrigation efficace, la gestion des sols et des ressources en eau, et la réduction de l'utilisation des pesticides. Cela permet de préserver l'environnement local, ce qui peut avoir des effets bénéfiques à long terme sur la biodiversité et la durabilité des exploitations.

## 6.	Migration rurale-urbaine et déplacement

L'émigration vers les zones urbaines est une conséquence notable de l'émergence d'une classe moyenne dans le secteur du cacao. Les jeunes, en particulier, sont attirés par les opportunités économiques des villes, souvent perçues comme plus modernes et plus diversifiées. L'exode des jeunes vers les villes augmente, en partie parce qu'ils sont à la recherche d'emplois non agricoles, d'une meilleure qualité de vie et d'un accès plus facile aux services.

Bien que cela puisse entraîner une perte de main-d'œuvre agricole, les jeunes qui retournent dans les communautés rurales après avoir acquis des compétences peuvent apporter des idées novatrices et moderniser les pratiques agricoles. L'émigration peut également entraîner une perte de dynamisme dans certaines communautés rurales, créant une pression sur les générations plus âgées pour qu'elles maintiennent les exploitations de cacao. Cependant, les jeunes entrepreneurs qui reviennent peuvent apporter de nouvelles idées et renforcer la vitalité des communautés rurales.

7. **Inégalités sociales et fragmentation**

Malgré les bénéfices générés par l'émergence d'une classe moyenne dans le secteur du cacao, certains défis persistent, notamment en ce qui concerne les inégalités sociales au sein des communautés rurales. Tous les cultivateurs de cacao ne bénéficient pas de la même manière de la croissance de l'industrie. Ceux qui ont un meilleur accès à la formation, au financement et à la technologie peuvent se diversifier et augmenter leur productivité, tandis que d'autres restent dépendants des méthodes agricoles traditionnelles, ce qui crée des disparités économiques croissantes entre les producteurs. Marginalisation de certaines communautés : Les communautés les moins privilégiées, qui ne disposent pas des ressources nécessaires pour s'adapter aux changements du secteur, peuvent se retrouver marginalisées. Ce phénomène peut conduire à des fractures sociales entre les producteurs qui parviennent à s'adapter et ceux qui restent en dehors des circuits de développement économique.

L'émergence d'une nouvelle classe moyenne dans le secteur du cacao au Cameroun a des répercussions profondes et multiples sur les communautés rurales. Si elle présente des avantages socio-économiques importants, tels que l'amélioration des conditions de vie, la diversification économique et l'accès aux services, elle comporte également des défis, notamment en termes d'inégalités sociales et de changements environnementaux. La clé réside dans la capacité des politiques publiques et des acteurs locaux à promouvoir une transition inclusive, afin de maximiser les bénéfices tout en minimisant les risques de marginalisation.

Chapitre 9

Transformation des relations sociales et des structures communautaires dans les communautés rurales du Cameroun

L'émergence d'une nouvelle classe moyenne dans le secteur du cacao au Cameroun entraîne une profonde transformation des relations sociales et des structures communautaires. Ces changements sont à la fois positifs et complexes, affectant la dynamique familiale, les relations intergénérationnelles, les rôles des hommes et des femmes et la cohésion sociale. La transition vers une classe moyenne dans les communautés rurales modifie profondément les valeurs sociales et la manière dont les individus interagissent entre eux au sein de ces communautés. Cette transformation mérite une analyse approfondie pour comprendre ses effets sur la structure sociale et les relations humaines.

La bourgeoisie du cacao joue un rôle majeur dans l'économie camerounaise. Elle génère une part importante des recettes d'exportation et contribue à la création d'emplois, à la transformation industrielle et à la valorisation des produits locaux. Cependant, des réformes sont nécessaires pour assurer un partage plus équitable des bénéfices de la filière et des pratiques culturales plus durables. Cette bourgeoisie cacaoyère camerounaise est une classe dynamique qui représente un moteur économique pour le pays. Elle incarne l'essor de l'agriculture commerciale et la montée en puissance des entrepreneurs locaux. Cependant, elle reste confrontée à un certain nombre de défis qui nécessitent une approche plus inclusive et durable pour garantir la pérennité du secteur et le bien-être de tous les acteurs de la chaîne de valeur.

1. Redéfinir les relations familiales et les rôles des hommes et des femmes

L'amélioration des revenus des cultivateurs de cacao et la création d'une classe moyenne entraînent des changements dans la structure familiale et une révision des rôles des hommes et des femmes. Dans de nombreuses communautés rurales, les femmes jouent un rôle crucial dans la production et la transformation du cacao. L'amélioration des revenus et les opportunités économiques associées à la classe moyenne permettent à de nombreuses femmes d'acquérir un plus grand pouvoir économique et social. Par exemple, elles peuvent désormais accéder au financement, à la formation et à des postes de direction dans des coopératives agricoles, voire créer leurs propres entreprises locales. Cela renforce leur autonomie économique et leur pouvoir de décision au sein de la famille et de la communauté. La prospérité associée à la classe moyenne modifie les relations au sein des familles, en particulier entre les générations et les sexes. Les enfants, en particulier ceux des familles productrices de cacao qui ont accédé à la classe moyenne, bénéficient d'une meilleure éducation et de meilleures opportunités professionnelles. Cela conduit souvent à un renouvellement des aspirations familiales et à une redéfinition du rôle des parents dans l'éducation et la formation des jeunes. Dans le même temps, les rôles traditionnels, souvent fondés sur une division du travail entre hommes et femmes, peuvent évoluer, les femmes jouant un rôle plus visible et plus important dans la gestion des exploitations et la transformation du cacao.

2. Modification des relations intergénérationnelles

L'essor de la classe moyenne perturbe également les relations intergénérationnelles dans les communautés rurales. La nouvelle classe moyenne tend à adopter des valeurs modernes, souvent influencées par la ville, qui peuvent entrer en conflit avec les valeurs traditionnelles des communautés rurales. Les jeunes générations, qui ont souvent accès à une éducation plus poussée et à des possibilités de mobilité sociale, cherchent à s'éloigner des pratiques agricoles traditionnelles. Elles sont plus enclines à chercher un emploi dans les zones urbaines ou à s'engager dans des entreprises non agricoles. Cela crée parfois des tensions avec les générations plus âgées, qui restent attachées aux pratiques agricoles ancestrales et au mode de vie traditionnel.

Cette transition peut également affecter la transmission des connaissances ancestrales et des compétences agricoles traditionnelles. Les jeunes générations, souvent attirées par les nouvelles connaissances technologiques, peuvent se détourner des pratiques agricoles héritées de leurs ancêtres. Cependant, certains jeunes choisissent de retourner dans les zones rurales pour moderniser l'agriculture et appliquer les compétences qu'ils ont acquises dans les villes pour améliorer la production et la rentabilité de l'exploitation familiale.

L'émergence de la classe moyenne est également à l'origine d'une augmentation de l'exode rural. Les jeunes, à la recherche d'une vie meilleure et d'opportunités économiques, migrent vers les villes où ils trouvent des emplois plus diversifiés. Cela peut entraîner une séparation physique entre les générations, les jeunes se rendant en ville pour étudier ou travailler, tandis que les personnes plus âgées restent dans les villages pour gérer les terres agricoles. Cette mobilité peut apporter à la fois des avantages économiques et des défis pour le maintien de la cohésion familiale et de la stabilité sociale dans les communautés rurales.

3.   L'évolution des relations de solidarité et de cohésion sociale

L'émergence d'une classe moyenne dans les communautés rurales transforme également les relations de solidarité et la cohésion sociale, éléments traditionnellement centraux des sociétés rurales. Des revenus plus élevés et l'accès à un mode de vie plus confortable tendent à renforcer les valeurs individualistes. Les cacaoculteurs de la classe moyenne peuvent se détourner des formes traditionnelles de solidarité communautaire (entraide, partage des ressources, travail collectif dans les champs). Cette dynamique peut conduire à un affaiblissement des solidarités sociales traditionnelles et à une réduction des pratiques coopératives entre les membres d'une même communauté. Paradoxalement, l'émergence de cette classe moyenne peut aussi conduire au renforcement de certaines formes de solidarité économique, notamment dans le cadre des coopératives agricoles et des groupements de producteurs. Ceux-ci permettent aux producteurs de cacao d'accéder à des financements collectifs, de partager des ressources et des équipements, et de se défendre collectivement contre les fluctuations du marché mondial du cacao. Dans ce cas, l'émancipation économique de la classe moyenne contribue à une solidarité économique organisée qui renforce la résilience de la communauté face aux crises économiques.

L'augmentation du niveau de vie et des opportunités économiques peut également entraîner une transformation des pratiques communautaires. Par exemple, les gens peuvent investir dans de nouvelles formes de loisirs ou de rencontres sociales, influencées par les modèles urbains, comme des événements culturels modernes ou des activités de groupe dans des espaces plus organisés. Ce changement peut avoir des effets positifs en termes d'animation sociale, mais il peut aussi entraîner la perte de certaines traditions culturelles propres aux villages.

4. Hiérarchisation sociale et émergence de nouvelles couches sociales

Le développement d'une classe moyenne dans le secteur du cacao peut également renforcer la hiérarchisation sociale au sein des communautés rurales, car les différences économiques entre les membres de la communauté deviennent plus visibles. La division entre ceux qui parviennent à s'intégrer dans cette nouvelle classe moyenne et ceux qui conservent des pratiques agricoles plus traditionnelles peut renforcer les inégalités sociales au sein de la communauté. Les cacaoculteurs qui parviennent à s'adapter à de nouvelles pratiques agricoles modernes ou qui ont accès à la finance et aux marchés internationaux peuvent se distinguer du reste de la communauté, créant ainsi de nouvelles strates sociales et de nouveaux clivages sociaux. L'émergence d'une classe moyenne peut entraîner des tensions sociales fondées sur l'envie ou la jalousie entre les membres de la communauté. Ceux qui restent en marge du développement de l'industrie cacaoyère peuvent percevoir la réussite des autres comme un déséquilibre dans la distribution des ressources et des opportunités. Ce phénomène peut également conduire à un renforcement des stigmates sociaux à l'égard des plus pauvres ou des plus marginalisés.

5.   Redéfinir la cohésion communautaire

L'émergence d'une classe moyenne dans la filière cacao n'est pas sans répercussions sur la cohésion sociale. En effet, les tensions générées par les nouvelles dynamiques économiques peuvent perturber l'harmonie sociale traditionnelle. La montée en puissance de la classe moyenne peut entraîner des conflits sociaux entre les membres de la communauté, notamment sur les questions de gestion des ressources, de répartition des revenus ou d'accès aux opportunités économiques. Ces conflits peuvent affaiblir la solidarité interpersonnelle et la confiance qui caractérisent traditionnellement les communautés rurales du Cameroun. Cependant, dans d'autres cas, l'émergence d'une classe moyenne peut renforcer la cohésion sociale en encourageant des formes modernes de solidarité, telles que les initiatives de développement communautaire, les programmes de microcrédit ou les associations d'entraide. Ces actions renforcent la capacité des communautés rurales à gérer collectivement les défis économiques et sociaux, en particulier dans un contexte où les inégalités peuvent être exacerbées. L'émergence d'une nouvelle classe moyenne dans l'industrie du cacao au Cameroun entraîne une transformation majeure des relations sociales et des structures communautaires. Ces changements affectent les relations familiales, les relations intergénérationnelles, les rôles de genre et la cohésion sociale. Les avantages socio-économiques apportés par cette nouvelle classe moyenne sont associés à des défis, notamment en termes de fractures sociales, d'individualisme accru et de disparités économiques. La capacité des communautés rurales à s'adapter à ces transformations, tout en préservant les valeurs de solidarité et d'entraide, sera déterminante pour leur développement futur.

Chapitre 10

Le rôle de l'éducation et du capital humain dans l'émergence de la nouvelle classe moyenne dans le secteur du cacao au Cameroun

L'éducation et le capital humain jouent un rôle central dans l'émergence de la nouvelle classe moyenne dans le secteur cacaoyer au Cameroun. Ces deux éléments sont essentiels non seulement pour le développement personnel des individus, mais aussi pour la transformation économique et sociale des communautés rurales. L'amélioration des compétences et des connaissances au sein de l'industrie a un impact direct sur la productivité, l'innovation et la compétitivité du secteur cacaoyer, tout en favorisant l'intégration de nouvelles dynamiques sociales.

1. L'éducation comme facteur de modernisation et d'innovation

L'éducation représente un levier important dans la modernisation de la cacaoculture et l'émergence de la classe moyenne. L'accès à l'éducation permet aux producteurs et à leurs enfants d'acquérir de nouvelles compétences et connaissances, qui peuvent être directement appliquées à l'amélioration de la productivité agricole et à la transformation des produits du cacao. Des formations spécialisées dans des domaines tels que l'agronomie, l'agriculture durable, la gestion d'entreprise ou la transformation du cacao permettent aux producteurs d'adopter des pratiques agricoles plus modernes, réduisant ainsi les coûts de production et augmentant la compétitivité du cacao camerounais sur le marché international. Cela peut également conduire à l'émergence de nouveaux produits dérivés du cacao (chocolat, pâte de cacao, etc.), ouvrant ainsi de nouvelles perspectives économiques pour les producteurs. L'augmentation des revenus et l'essor de la classe moyenne dans le secteur du cacao contribuent à l'amélioration des infrastructures éducatives dans les zones rurales. Les enfants des producteurs de cacao bénéficient d'une meilleure éducation et d'un accès à des formations plus spécialisées, ce qui leur ouvre des perspectives d'emploi au-delà du secteur agricole traditionnel. L'accès à l'éducation devient un moteur de la mobilité sociale et de l'élargissement des perspectives de carrière.

2. L'importance du capital humain dans le développement du secteur cacaoyer

Le capital humain est un facteur clé de la croissance durable et de la compétitivité du secteur cacaoyer. L'augmentation des compétences des producteurs et des travailleurs du secteur leur permet de répondre aux demandes de qualité supérieure, de traitement innovant et de gestion efficace des exploitations. L'acquisition de compétences techniques par les producteurs de cacao et leurs travailleurs est essentielle pour améliorer la productivité des plantations. La formation à la gestion des exploitations, aux techniques de récolte et à la transformation (notamment du cacao en sous-produits) permet d'optimiser les rendements et d'améliorer la qualité des produits, ce qui rend le secteur plus compétitif sur les marchés internationaux. L'adaptation aux nouvelles technologies et la gestion durable des ressources naturelles contribuent également à la longévité et à la rentabilité des exploitations.

Le capital humain joue également un rôle dans l'innovation au sein de l'industrie. Les jeunes diplômés et les entrepreneurs formés dans des domaines liés à l'agriculture, à l'agroalimentaire ou à l'économie peuvent introduire de nouvelles idées, notamment dans la transformation du cacao, la certification biologique, la commercialisation ou l'exportation. Ces innovations permettent à l'industrie cacaoyère camerounaise de se moderniser et de se différencier sur les marchés internationaux. Le capital humain qualifié est également un atout pour le leadership au sein des coopératives de producteurs de cacao. Les dirigeants de ces structures jouent un rôle clé dans l'organisation de la production, la gestion des ressources financières et la négociation avec les acheteurs. Une gestion professionnelle, basée sur des compétences en gestion d'entreprise, en finance et en stratégie commerciale, peut maximiser les profits des producteurs et améliorer la durabilité du secteur.

3.   Capital humain et transformation sociale

Outre son rôle économique, le capital humain est également un facteur majeur de transformation sociale au sein des communautés rurales. L'accès à une éducation de qualité contribue à la révision des relations sociales, à l'émergence de nouvelles valeurs et à la réduction des inégalités au sein des communautés. L'éducation permet aux jeunes, en particulier aux filles, de devenir des acteurs économiques à part entière. Dans les communautés rurales, les femmes bénéficient de plus en plus de l'accès à l'éducation et à la formation professionnelle, ce qui leur offre de nouvelles opportunités pour devenir des entrepreneurs ou des leaders dans des secteurs tels que la transformation du cacao, la vente de sous-produits ou la gestion d'entreprises locales. Cette autonomisation des femmes est un levier majeur pour faire évoluer les relations hommes-femmes au sein des communautés rurales. L'éducation contribue à réduire les inégalités sociales en offrant à chacun la possibilité de progresser, quel que soit son milieu social. Dans la filière cacao, l'accès à l'éducation et à la formation permet à tous les membres de la communauté de jouer un rôle actif dans l'économie de la filière et de bénéficier des revenus générés par la production. Il en résulte une plus grande égalité des chances et une réduction des écarts de richesse au sein des communautés rurales.

L'éducation contribue également à faire évoluer les mentalités au sein des communautés rurales. Les jeunes générations, formées dans un environnement éducatif moderne, sont de plus en plus ouvertes aux nouvelles idées, à la pensée critique et à l'adoption de pratiques agricoles plus modernes et durables. Cela conduit à une révision des relations sociales et à une modernisation des comportements au sein des familles et des communautés, notamment en termes de gestion des terres, de gestion des ressources et de prise de décision collective.

4. Éducation et durabilité dans l'industrie cacaoyère

Un aspect crucial du capital humain dans le secteur du cacao est sa capacité à relever les défis de la durabilité. L'éducation et la formation permettent aux producteurs et aux acteurs de l'industrie de s'adapter aux défis environnementaux et sociaux et de mettre en œuvre des pratiques agricoles durables et écologiquement responsables. La formation des cacaoculteurs aux techniques agricoles durables (agriculture biologique, agroforesterie, gestion intégrée des maladies) contribue à protéger l'environnement tout en maintenant une productivité élevée. La gestion des ressources naturelles, notamment l'eau, le sol et les forêts, est essentielle à la durabilité de l'industrie cacaoyère au Cameroun. Les cacaoculteurs formés aux technologies vertes sont mieux équipés pour mettre en œuvre des solutions innovantes aux défis environnementaux tels que le changement climatique et la dégradation des sols. L'utilisation de systèmes de culture diversifiés ou de systèmes d'irrigation intelligents peut contribuer à maintenir la rentabilité des exploitations et à garantir la durabilité à long terme du secteur du cacao.

L'éducation et le capital humain sont des facteurs clés de l'émergence d'une nouvelle classe moyenne dans le secteur du cacao au Cameroun. Ils permettent non seulement de moderniser les pratiques agricoles, mais aussi de favoriser l'innovation, de réduire les inégalités sociales et de promouvoir une croissance durable. En formant les individus, les communautés et les acteurs économiques aux pratiques professionnelles, à la gestion de la transformation et aux enjeux environnementaux, l'éducation devient un pilier central pour garantir le développement à long terme de la filière cacao et l'amélioration continue des conditions de vie des producteurs et des communautés rurales.

Chapitre 11

Durabilité et développement local dans le secteur du cacao au Cameroun

L'industrie du cacao au Cameroun représente un secteur clé de l'économie nationale, à la fois en termes de production et de contribution à la stabilité sociale et économique des communautés rurales. Cependant, avec l'émergence d'une nouvelle classe moyenne dans ce secteur, il devient impératif d'identifier et de comprendre les questions de durabilité et les défis de développement local associés à cette dynamique. La durabilité dans le secteur du cacao implique non seulement des questions économiques et environnementales, mais aussi des considérations sociales, politiques et culturelles, qui influencent directement la capacité des communautés rurales à prospérer et à intégrer les transformations économiques en cours.

1. La durabilité écologique du secteur cacaoyer

L'une des principales préoccupations concernant la durabilité du secteur cacaoyer est l'impact environnemental de la production de cacao. Bien que le cacao soit une culture traditionnelle au Cameroun, sa production peut avoir des effets négatifs sur l'environnement, notamment en raison de la déforestation, de la dégradation des sols et de l'utilisation excessive de produits chimiques. La production de cacao est parfois associée à des pratiques agricoles qui conduisent à la déforestation, en particulier lorsque des terres forestières sont défrichées pour cultiver le cacao. Cette déforestation contribue à la perte de biodiversité et à la perturbation des écosystèmes locaux. Bien que certaines cacaoyères du Cameroun adoptent des pratiques agroforestières (cacao cultivé sous couvert forestier), la pression sur les forêts tropicales reste un problème majeur.

L'intensification des pratiques agricoles sans gestion durable des sols peut entraîner l'épuisement, l'érosion et la perte de fertilité des sols, ce qui, à long terme, réduit la productivité des plantations de cacao. Les pratiques de monoculture et l'utilisation excessive de produits chimiques tels que les engrais et les pesticides exacerbent cette dégradation. L'utilisation excessive de pesticides et d'engrais chimiques dans les plantations de cacao peut avoir un impact négatif sur la qualité de l'eau et la santé des populations locales, tout en portant atteinte à la biodiversité. Les producteurs doivent donc être formés à des pratiques agricoles plus écologiques et durables, telles que l'agriculture biologique et la lutte intégrée contre les parasites.

Afin de promouvoir la durabilité écologique dans le secteur du cacao, il est essentiel de mettre en œuvre des pratiques agricoles durables qui intègrent la protection des écosystèmes locaux tout en maintenant la rentabilité des exploitations. L'agroforesterie, l'agriculture de conservation et l'utilisation responsable des produits chimiques sont des pratiques qui pourraient être encouragées pour minimiser l'impact sur l'environnement.

2.   Les enjeux sociaux de la filière cacao

Le secteur du cacao au Cameroun joue également un rôle essentiel dans la création d'emplois et l'amélioration des conditions de vie des communautés rurales. Cependant, ce développement s'accompagne également d'un certain nombre de défis sociaux qui peuvent affecter la durabilité du secteur, notamment la justice sociale, les conditions de travail et l'inclusion des femmes et des jeunes dans le développement du secteur. L'un des principaux défis sociaux auxquels est confronté le secteur du cacao est le travail des enfants et les conditions de travail souvent difficiles des producteurs. Bien que des efforts aient été faits pour améliorer les conditions de travail, certaines exploitations se caractérisent encore par des pratiques de travail non rémunéré, des salaires bas et l'exploitation des travailleurs, y compris des enfants, dans des conditions insalubres. L'intégration de la responsabilité sociale des entreprises et des certifications durables (comme le label Fairtrade) pourrait contribuer à améliorer ces conditions.

Les revenus générés par la production de cacao permettent à de nombreuses familles rurales d'accéder à des services de base tels que l'éducation et la santé. Cependant, dans de nombreuses zones rurales, l'accès à ces services reste limité. L'émergence d'une classe moyenne dans le secteur du cacao pourrait améliorer l'accès à des écoles, des hôpitaux et des services communautaires de qualité, mais cela dépendra également des investissements dans les infrastructures locales. Dans les communautés rurales, les femmes et les jeunes ont traditionnellement été marginalisés dans les processus de prise de décision, tant au sein de la famille que dans la gestion de l'exploitation. Toutefois, l'émergence d'une nouvelle classe moyenne, associée à des réformes économiques et à une prise de conscience croissante des questions de genre, favorise une plus grande inclusion des femmes et des jeunes dans la gestion des exploitations de cacao et dans l'organisation des coopératives agricoles. Les initiatives visant à renforcer l'autonomie des femmes et à former les jeunes aux nouvelles technologies agricoles sont essentielles pour garantir une transformation équitable et durable du secteur.

3. Enjeux économiques et concurrentiels

Les enjeux économiques de l'industrie cacaoyère sont au cœur du développement local et de la durabilité de la filière. Le renforcement de la compétitivité du cacao camerounais sur les marchés mondiaux, ainsi que l'amélioration des revenus des producteurs, sont indispensables pour assurer la durabilité de la filière. Pour que le secteur du cacao soit durable, les producteurs doivent adopter des techniques agricoles qui augmentent la productivité tout en préservant l'environnement. L'accès à des semences de qualité, à des outils modernes et à des techniques de production innovantes peut améliorer les rendements et la compétitivité. Cela implique également une intensification durable des plantations et une gestion rationnelle des ressources agricoles.

La compétitivité de l'industrie cacaoyère camerounaise repose également sur sa capacité à se différencier sur les marchés internationaux, notamment par l'amélioration de la qualité du cacao et la valorisation des produits dérivés. La production de chocolat ou d'autres produits à valeur ajoutée, ainsi que la certification des produits comme biologiques ou équitables, augmentent les revenus des producteurs et renforcent leur position sur le marché mondial. L'accès au crédit agricole et au financement reste un obstacle majeur pour les producteurs de cacao, en particulier les petits exploitants. Les mécanismes de financement, de microcrédit et d'assurance doivent être adaptés aux besoins spécifiques des producteurs de cacao, afin de leur permettre de moderniser leurs exploitations et de se préparer aux fluctuations des prix du marché.

4. Développement local et investissement dans les infrastructures

Le développement local en milieu rural dépend en grande partie des investissements en infrastructures et de la création d'emplois liés à la filière cacao. Pour que la montée en gamme de ce secteur profite réellement aux communautés locales, il est nécessaire de favoriser la création d'infrastructures de transport, l'accès à l'énergie et aux réseaux de communication. Les routes rurales et l'accès à l'électricité sont essentiels non seulement pour faciliter le transport du cacao vers les marchés locaux et internationaux, mais aussi pour améliorer la vie quotidienne des communautés. Le manque d'infrastructures dans certaines régions reculées du Cameroun entrave souvent la rentabilité des exploitations et l'accès des producteurs aux marchés.

Le développement de l'industrie du cacao peut générer des emplois locaux, notamment dans les domaines de la transformation, de la gestion des exploitations et de la commercialisation. L'émergence de petites entreprises liées à la transformation locale du cacao et à la production de sous-produits peut diversifier l'économie locale et créer des emplois pour les jeunes.

Les questions de durabilité et de développement local dans le secteur du cacao au Cameroun sont intrinsèquement liées à l'évolution de ce secteur et à son impact sur les communautés rurales. La durabilité écologique, les questions sociales (notamment l'inclusion et l'amélioration des conditions de travail), ainsi que les défis économiques et de compétitivité doivent être abordés de manière intégrée. Le développement du secteur du cacao, en particulier avec l'émergence de la nouvelle classe moyenne, offre un potentiel important pour les communautés rurales, mais nécessite des efforts soutenus en termes de responsabilité sociale, de formation, de modernisation des pratiques agricoles et de développement des infrastructures locales.

Chapitre 12

Défis et opportunités pour la nouvelle classe moyenne dans le secteur du cacao au Cameroun

L'émergence d'une nouvelle classe moyenne dans la filière cacao au Cameroun présente à la fois des défis et des opportunités pour les producteurs, les travailleurs et les acteurs économiques de ce secteur clé. Cette dynamique, bien que transformatrice, doit être abordée avec une compréhension des obstacles à surmonter ainsi que du potentiel qu'elle offre. Ce chapitre explore les défis auxquels est confrontée la nouvelle classe moyenne dans le secteur du cacao, tout en soulignant les opportunités qu'elle a de favoriser un développement socio-économique durable.

1. Défis pour la nouvelle classe moyenne dans le secteur du cacao

- Accès à des marchés compétitifs

L'un des principaux défis auxquels est confrontée la nouvelle classe moyenne dans le secteur du cacao est l'accès à des marchés compétitifs. Bien que la production de cacao au Cameroun ait augmenté au fil des ans, le secteur reste marqué par la concurrence internationale et les fluctuations des prix mondiaux. Les prix du cacao sont très volatils sur les marchés mondiaux, ce qui a un impact direct sur les revenus des agriculteurs. La fluctuation des prix du cacao (influencée par des facteurs globaux tels que la demande internationale et les politiques agricoles des principaux producteurs) peut rendre difficile la planification à long terme pour les nouveaux producteurs de la classe moyenne. Bien que les producteurs puissent améliorer la qualité de leur cacao, l'accès aux marchés de niche (chocolat haut de gamme, produits certifiés commerce équitable, etc. En outre, la compétitivité du cacao camerounais par rapport à d'autres producteurs africains tels que la Côte d'Ivoire et le Ghana constitue un autre obstacle pour les producteurs qui cherchent à percer sur le marché international.

- Manque d'infrastructures adéquates

Les infrastructures rurales sont souvent inadéquates, ce qui constitue un défi majeur pour les nouveaux producteurs de la classe moyenne qui cherchent à moderniser leurs exploitations et à accroître leur productivité. L'absence de routes rurales praticables et de réseaux de transport efficaces rend difficile l'acheminement du cacao vers les marchés locaux et internationaux. Cela peut entraîner des coûts supplémentaires pour les producteurs, qui luttent pour rendre leur production compétitive. Un autre défi majeur est le manque d'installations de transformation locales modernes. Les producteurs de cacao de la nouvelle classe moyenne, qui cherchent à se diversifier et à augmenter la valeur ajoutée de leurs produits, ont souvent du mal à accéder à des installations de transformation de qualité et à des équipements de pointe.

- Accès au financement et au crédit

Le manque d'accès au financement est un obstacle majeur à la croissance pour les producteurs de cacao, même ceux qui appartiennent à la nouvelle classe moyenne. De nombreux producteurs, malgré des revenus stables, rencontrent des difficultés pour accéder au crédit ou au financement à long terme afin d'améliorer leur production et leurs infrastructures. Les nouveaux producteurs de la classe moyenne sont souvent confrontés à un système financier qui favorise les opérations à grande échelle. La méfiance des banques à l'égard des agriculteurs, en particulier ceux qui vivent dans des régions reculées, rend difficile l'obtention de crédits abordables pour moderniser leurs activités. L'adoption de nouvelles technologies agricoles, de pratiques agricoles durables et d'équipements modernes nécessite des investissements importants. Ces investissements peuvent constituer un défi, car les producteurs de cacao de la classe moyenne, bien que mieux lotis que les petits producteurs, se heurtent encore à des obstacles financiers qui les empêchent d'accéder aux meilleures technologies et infrastructures.

- Questions liées à l'environnement et à la durabilité

L'intensification de la production de cacao dans un contexte de pression environnementale est un défi majeur pour la classe moyenne émergente. La gestion durable des exploitations devient essentielle, mais elle est souvent coûteuse et exige des producteurs qu'ils s'adaptent aux nouveaux défis environnementaux. Le changement climatique, en particulier les variations de température et de pluviométrie, affecte la production de cacao au Cameroun. Les producteurs doivent adapter leurs pratiques agricoles pour faire face à ces conditions changeantes, ce qui nécessite une formation et des investissements dans des pratiques agricoles adaptées. L'adoption de pratiques agricoles durables, telles que l'agroforesterie ou l'agriculture biologique, est essentielle pour préserver les écosystèmes et assurer la durabilité à long terme de la production de cacao. Toutefois, ces pratiques peuvent entraîner des coûts initiaux plus élevés et des périodes de transition au cours desquelles les rendements peuvent être affectés.

2. Opportunités pour la nouvelle classe moyenne dans le secteur du cacao

- Diversification et transformation du cacao

L'une des plus grandes opportunités pour la nouvelle classe moyenne dans le secteur du cacao réside dans la diversification des produits et la transformation locale du cacao. En transformant le cacao en produits à plus forte valeur ajoutée, les agriculteurs peuvent augmenter leurs revenus et développer des produits locaux qui répondent à la demande croissante des marchés nationaux et internationaux. Les producteurs peuvent s'engager dans la production de chocolat, de pâte de cacao, de beurre de cacao ou d'autres produits transformés qui sont plus rentables que la vente de fèves de cacao en vrac. Ces produits, surtout s'ils sont certifiés biologiques ou équitables, peuvent conquérir des segments de marché de niche, avec une valeur ajoutée économique significative.

L'obtention de certifications telles que le commerce équitable ou l'agriculture biologique permet de promouvoir le cacao produit dans des conditions durables et éthiques, ce qui ouvre de nouvelles perspectives commerciales à l'échelle internationale, en particulier sur les marchés européens et nord-américains.

- Accroître la productivité grâce à la technologie

L'adoption de nouvelles technologies agricoles représente une opportunité majeure pour les producteurs de cacao, qui peuvent ainsi améliorer leur productivité tout en réduisant leurs coûts de production. L'utilisation de semoirs agricoles, de systèmes de gestion de l'irrigation ou de logiciels de gestion de la production permet aux cultivateurs de mieux surveiller et gérer leurs cultures. Ces technologies augmentent la productivité, garantissent une meilleure qualité du cacao et permettent une gestion plus efficace des ressources.

L'utilisation de semences de haute qualité, de méthodes de culture modernes et de techniques de fertilisation optimisées permet d'augmenter les rendements tout en préservant le sol et l'environnement.

- Partenariats et accès aux nouveaux marchés

Les producteurs de cacao de la nouvelle classe moyenne peuvent bénéficier de partenariats stratégiques avec des entreprises locales et internationales pour améliorer leur accès aux marchés.

Les partenariats avec les entreprises de transformation du cacao peuvent permettre aux producteurs de vendre directement leurs produits finis ou semi-finis, ce qui garantit une meilleure rentabilité. Les producteurs peuvent également accéder aux marchés internationaux grâce à ces collaborations. La nouvelle classe moyenne peut également bénéficier d'un accès à des financements appropriés pour soutenir l'expansion de ses activités, grâce à des programmes de financement qui soutiennent l'agriculture durable et les projets d'innovation.

La nouvelle classe moyenne dans le secteur du cacao au Cameroun est à la croisée des chemins, confrontée à un certain nombre de défis liés à l'accès au marché, à l'infrastructure et au financement. Cependant, ces défis peuvent être surmontés en adoptant des stratégies innovantes et en mettant en place des mécanismes de soutien appropriés. Les possibilités de diversification, de transformation, de modernisation des pratiques agricoles et d'amélioration des infrastructures offrent un potentiel important pour renforcer la compétitivité du secteur et promouvoir un développement économique et social durable. Pour réussir, il est essentiel que tous les acteurs de la filière cacao, y compris les producteurs, les institutions publiques et les partenaires privés, travaillent ensemble pour créer un environnement propice au développement de cette nouvelle classe moyenne et à la croissance de l'industrie cacaoyère au Cameroun.

Chapitre 13

Les défis économiques de la nouvelle classe moyenne dans le secteur du cacao au Cameroun

L'émergence de la nouvelle classe moyenne dans la filière cacao au Cameroun, tout en offrant des opportunités de développement, s'accompagne également d'une série de défis économiques qui peuvent entraver la croissance durable de cette catégorie sociale et de la filière dans son ensemble. Ces défis sont liés à un certain nombre de facteurs, allant de l'accès au financement à la compétitivité du cacao camerounais sur le marché international. Dans ce chapitre, nous analysons les principaux défis économiques auxquels est confrontée la nouvelle classe moyenne dans ce secteur.

1.   Accès au financement et au crédit

L'un des principaux défis auxquels est confrontée la nouvelle classe moyenne dans le secteur du cacao reste l'accès au financement. Malgré des revenus relativement plus stables que ceux des petits producteurs, la nouvelle classe moyenne a encore du mal à accéder au crédit à long terme ou aux prêts agricoles pour investir dans la modernisation de leurs exploitations. Le coût du crédit reste élevé au Cameroun, ce qui rend les investissements dans les infrastructures agricoles et les technologies modernes relativement onéreux. Les banques sont souvent réticentes à accorder des prêts aux producteurs agricoles, et les conditions d'emprunt sont parfois trop strictes pour les rendre accessibles aux nouveaux acteurs de la classe moyenne. La difficulté de fournir des garanties suffisantes pour obtenir un financement reste un obstacle pour de nombreux producteurs. Les agriculteurs de la classe moyenne, bien qu'ils disposent de certaines ressources, n'ont souvent pas les garanties foncières ou les actifs nécessaires pour accéder au financement bancaire. Les producteurs qui souhaitent adopter des pratiques agricoles écologiques ou durables peuvent rencontrer des difficultés pour obtenir des financements spécifiques ou des crédits verts pour la transition vers une production respectueuse de l'environnement.

2. Fluctuation des prix du cacao

Le marché mondial du cacao est extrêmement volatile, ce qui représente un défi économique majeur pour la nouvelle classe moyenne de l'industrie. La fluctuation des prix du cacao a un impact direct sur les revenus des agriculteurs et sur leur capacité à planifier à long terme. Les prix du cacao, influencés par des facteurs globaux tels que la demande internationale et les politiques agricoles des principaux pays producteurs comme la Côte d'Ivoire et le Ghana, fluctuent de manière significative. Une baisse des prix peut rendre difficile la réalisation de bénéfices, même pour les producteurs de la classe moyenne. La concurrence des autres pays producteurs de cacao, en particulier en Afrique de l'Ouest, est un autre facteur qui influence la compétitivité du cacao camerounais. Bien que la qualité du cacao camerounais s'améliore, les producteurs doivent toujours faire face à des prix compétitifs offerts par des producteurs dont les coûts de production sont souvent inférieurs. Le secteur du cacao reste largement dominé par la monoculture, ce qui rend les producteurs vulnérables aux variations de prix. La diversification des produits agricoles reste limitée, ce qui fragilise encore l'équilibre économique des exploitations.

3. Manque d'infrastructures rurales

Le manque d'infrastructures rurales est un défi économique majeur pour le secteur du cacao et pour les nouveaux producteurs de la classe moyenne. L'amélioration des infrastructures est essentielle pour réduire les coûts de production et améliorer l'accès aux marchés locaux et internationaux. Le manque de routes et d'infrastructures de transport efficaces dans les zones rurales rend difficile l'acheminement des récoltes vers les marchés locaux et les ports d'exportation. Les coûts logistiques sont donc plus élevés, ce qui rend les produits camerounais moins compétitifs que ceux des autres pays producteurs de cacao.

Les zones rurales n'ont souvent pas accès à l'électricité et à des sources d'irrigation fiables, ce qui rend difficile l'utilisation d'équipements modernes et limite la productivité des exploitations. L'absence de ces infrastructures est un obstacle à l'adoption de pratiques agricoles modernes et à l'expansion des usines de transformation locales. Le manque d'installations de transformation locales limite la capacité des producteurs à ajouter de la valeur à leur cacao. L'exportation de fèves non transformées réduit la valeur ajoutée générée localement et empêche le secteur de se diversifier dans des produits à plus forte valeur ajoutée, tels que le chocolat. '

4. Dépendance à l'égard de l'agriculture traditionnelle et manque d'innovation

La dépendance à l'égard de l'agriculture traditionnelle, caractérisée par des pratiques agricoles souvent peu modernes, constitue un autre défi économique majeur. Bien que la classe moyenne émergente cherche à améliorer sa situation, la transition vers des pratiques agricoles modernes nécessite des investissements et une adaptation importants de la part des agriculteurs. Les cacaoculteurs de la nouvelle classe moyenne n'ont souvent pas accès à des programmes de formation continue sur les technologies agricoles modernes ou les meilleures pratiques agricoles. Cela retarde l'adoption de nouvelles technologies agricoles, ce qui entrave la productivité et la compétitivité. Le manque de diversification des cultures dans de nombreuses exploitations de cacao représente un risque économique majeur. La monoculture du cacao rend les exploitations vulnérables aux crises liées aux fluctuations du prix du cacao et aux chocs climatiques. Les agriculteurs doivent diversifier leurs activités pour réduire les risques économiques.

5. Intégration dans les chaînes de valeur mondiales

Un autre défi majeur réside dans la capacité des cultivateurs de cacao à s'intégrer pleinement dans les chaînes de valeur mondiales et à bénéficier de la valeur ajoutée générée par la transformation du cacao. Les cacaoculteurs, même ceux de la nouvelle classe moyenne, ont souvent du mal à accéder aux réseaux de distribution mondiaux. Les grandes entreprises de transformation et de distribution du cacao dominent le marché, laissant peu de place aux petits producteurs ou à ceux de la classe moyenne pour accéder aux marchés internationaux.

L'obtention de certifications internationales (commerce équitable, agriculture biologique, etc.) peut être une opportunité pour les nouveaux producteurs de cacao de la classe moyenne, mais la mise en œuvre de ces normes est coûteuse et complexe. Les producteurs doivent souvent se conformer à des normes strictes pour accéder à certains marchés. Les défis économiques auxquels est confrontée la nouvelle classe moyenne dans le secteur du cacao au Cameroun sont multiples et complexes. L'accès au financement, la fluctuation des prix du cacao, le manque d'infrastructures adéquates, la dépendance à l'égard des pratiques agricoles traditionnelles et les difficultés d'intégration dans les chaînes de valeur mondiales représentent des obstacles majeurs pour cette classe sociale émergente. Toutefois, ces défis ne sont pas insurmontables. Une vision stratégique et des réformes appropriées dans les domaines du financement, des infrastructures, de la formation et de l'accès au marché pourraient permettre aux producteurs de surmonter ces obstacles et de transformer les défis en opportunités économiques durables.

Chapitre 14

Les défis sociaux et politiques de la nouvelle classe moyenne dans la filière cacao au Cameroun

L'émergence d'une nouvelle classe moyenne dans la filière cacao au Cameroun est un phénomène complexe qui s'accompagne de défis sociaux et politiques majeurs. Bien que cette classe moyenne croissante représente un facteur important de développement socio-économique, elle se heurte à des obstacles liés à la cohésion sociale, à l'accès aux services publics, à l'égalité des chances et à la gestion des politiques publiques. Ce chapitre explore les principaux défis sociaux et politiques auxquels est confrontée cette classe sociale émergente dans le contexte de l'industrie cacaoyère.

1.   Inégalités sociales et fragmentation

L'un des principaux défis sociaux auxquels est confrontée la nouvelle classe moyenne du cacao est l'accroissement des inégalités sociales entre les producteurs de cacao eux-mêmes et entre les différentes zones rurales. Alors que certains producteurs bénéficient de revenus plus élevés et d'un meilleur accès aux ressources, d'autres restent dans des situations précaires. Cette fragmentation sociale est exacerbée par plusieurs facteurs. Les producteurs de cacao appartenant à la nouvelle classe moyenne peuvent bénéficier de meilleures terres, de techniques agricoles modernes et d'un meilleur accès au marché, tandis que d'autres producteurs, en particulier ceux des zones les plus reculées, restent dans une situation de pauvreté. Ces inégalités rendent difficile la création d'une cohésion sociale homogène au sein même de l'industrie. Une partie des petits producteurs de cacao, qui n'ont pas la possibilité d'accéder à des ressources suffisantes ou de moderniser leurs exploitations, pourrait être exclue des bénéfices économiques liés à l'émergence de cette classe moyenne. Cette situation crée des tensions et des sentiments de marginalisation au sein des communautés rurales.

Les producteurs de cacao, même ceux qui appartiennent à la nouvelle classe moyenne, sont souvent confrontés à des déséquilibres dans l'accès aux services sociaux tels que la santé, l'éducation et l'eau potable. Les zones rurales, où se trouvent la majorité des exploitations de cacao, souffrent d'un manque de services publics de qualité, ce qui contribue à aggraver les inégalités sociales.

2. Exode rural et stabilité des communautés

L'un des défis sociaux majeurs est l'exode rural, en particulier des jeunes, qui rend les communautés rurales moins dynamiques et vieillissantes. Ce phénomène peut nuire au développement des zones rurales et à la cohésion sociale des villages où se trouvent la majorité des producteurs de cacao. De nombreux jeunes des communautés agricoles, espérant de meilleures opportunités économiques, migrent vers les villes et les zones urbaines. Ce départ massif de la main-d'œuvre agricole vers des zones non rurales crée une pénurie de main-d'œuvre dans les exploitations de cacao et peut affaiblir le tissu social des communautés rurales. Avec l'exode rural, les compétences traditionnelles en matière de culture du cacao risquent de se perdre, car les jeunes générations ne s'identifient pas toujours à l'agriculture traditionnelle.

Cela peut affecter la durabilité à long terme de la production de cacao, malgré l'émergence d'une classe moyenne. Le départ des jeunes fait vieillir la population des communautés rurales, ce qui rend difficile la gestion des exploitations et peut entraîner un manque de dynamisme économique et social dans ces régions.

3. Politiques publiques et gouvernance

Les politiques publiques et la gouvernance représentent des défis majeurs pour l'émergence de la nouvelle classe moyenne dans le secteur du cacao. La gestion des ressources, les politiques agricoles inclusives et l'allocation transparente des ressources sont essentielles pour soutenir le développement de cette classe sociale. Les politiques agricoles, souvent fragmentées ou insuffisamment financées, peuvent entraver la croissance du secteur cacaoyer. L'absence de stratégies à long terme pour le secteur du cacao, associée à une gestion inefficace des fonds publics, empêche les producteurs de réaliser pleinement leur potentiel. Le manque de transparence et de bonne gouvernance dans la gestion des fonds alloués au secteur agricole, ainsi que la corruption dans certaines régions, peuvent limiter l'impact des politiques publiques et des réformes agricoles nécessaires au renforcement de la classe moyenne du secteur cacaoyer. Les politiques actuelles de soutien au secteur du cacao sont souvent mal adaptées aux besoins réels des producteurs de la classe moyenne, qui nécessitent des mesures de soutien spécifiques en termes de financement, de formation et d'accès au marché.

4. Accès à l'éducation et à la formation

L'éducation et la formation jouent un rôle crucial dans le développement de la nouvelle classe moyenne dans le secteur du cacao. Cependant, des défis persistants en termes d'accès à une éducation de qualité et à une formation spécialisée entravent l'essor de cette classe sociale. Bien que la classe moyenne émergente soit souvent mieux éduquée que les producteurs plus pauvres, l'accès à une éducation de qualité reste un défi majeur dans les zones rurales, où les infrastructures scolaires sont inadéquates. Cela limite la capacité des producteurs à se former aux nouvelles technologies agricoles et à la gestion moderne des exploitations. Bien que les producteurs de cacao aient amélioré leur situation économique, ils peuvent manquer de formation spécialisée en gestion d'entreprise agricole, en gestion des ressources naturelles ou en agriculture durable. Cela entrave leur capacité à se moderniser et à maximiser leur production dans un environnement concurrentiel.

5. Incertitude politique et stabilité institutionnelle

L'instabilité du climat politique et les incertitudes institutionnelles représentent des défis considérables pour la classe moyenne émergente dans le secteur du cacao. Les crises politiques et les tensions sociales, bien que moins fréquentes dans les zones rurales, peuvent affecter la stabilité économique et perturber les activités agricoles. La fluctuation des politiques publiques peut créer un environnement incertain qui mine la confiance des investisseurs et des producteurs dans la durabilité de leurs activités. La gestion des institutions locales chargées de la mise en œuvre des politiques agricoles peut être inefficace, avec des retards dans la mise en œuvre des réformes ou des projets d'infrastructure. Ce manque de gouvernance a un impact direct sur les acteurs économiques de la filière cacao.

Les défis sociaux et politiques auxquels est confrontée la nouvelle classe moyenne dans le secteur du cacao sont variés et complexes. Les inégalités sociales, l'exode rural, les politiques publiques inefficaces, l'accès limité à l'éducation et à la formation, ainsi que les incertitudes politiques entravent le développement de cette classe sociale et la durabilité du secteur cacaoyer dans son ensemble. Toutefois, ces défis peuvent être relevés grâce à des réformes politiques appropriées, à un meilleur accès aux services sociaux et à un soutien accru aux producteurs afin de leur permettre de renforcer leur position économique et de jouer un rôle plus actif dans le développement socio-économique des zones rurales.

Chapitre 15

Opportunités d'expansion et de diversification pour la nouvelle classe moyenne dans le secteur du cacao au Cameroun

L'émergence d'une nouvelle classe moyenne dans la filière cacao au Cameroun ouvre des perspectives intéressantes d'expansion et de diversification économique, tant pour les producteurs que pour la filière dans son ensemble. Compte tenu de son potentiel croissant et de son rôle central dans l'économie rurale, la filière cacao représente un levier stratégique pour le développement socio-économique. Toutefois, cette croissance doit s'accompagner d'opportunités concrètes d'expansion et de diversification des activités, tant au niveau des producteurs individuels que du secteur. Ce chapitre explore les principales opportunités d'expansion et de diversification au sein du secteur du cacao, contribuant ainsi à la durabilité et à la croissance de la nouvelle classe moyenne.

1. Diversification des cultures et des activités agricoles

La diversification des cultures agricoles est une opportunité clé pour renforcer la stabilité économique des exploitations cacaoyères et des agriculteurs qui y travaillent. Outre l'augmentation des revenus, la diversification permet de réduire les risques liés aux fluctuations des cours du cacao et aux aléas climatiques.

Bien que le cacao soit une culture stratégique au Cameroun, il peut être accompagné d'autres cultures telles que l'arachide, la banane, le café ou le macaou (autres produits agricoles courants en milieu rural). Ces cultures offrent aux agriculteurs une source de revenus supplémentaire et réduisent leur dépendance à l'égard des fluctuations des prix du cacao. L'agroforesterie, dans laquelle le cacao est cultivé avec des arbres fruitiers (comme l'avocat, la mangue ou l'ananas) ou des plantes médicinales, est également un moyen de diversification rentable. Ce type de culture offre une productivité diversifiée tout en préservant la qualité des sols et en renforçant la biodiversité. La transformation locale des produits agricoles représente également une voie stratégique de diversification. Les producteurs de cacao peuvent se lancer dans la production de sous-produits tels que le chocolat, la pâte de cacao ou les boissons à base de cacao, augmentant ainsi la valeur ajoutée de leur production et réduisant leur dépendance à l'égard de l'exportation de fèves brutes.

2. Intégration des chaînes de valeur locales et internationales

L'une des principales opportunités d'expansion pour la nouvelle classe moyenne dans le secteur du cacao réside dans son intégration plus poussée dans les chaînes de valeur locales et internationales. Cette intégration renforce la compétitivité et augmente les profits des producteurs en leur donnant accès à de nouveaux marchés. Une opportunité pour les producteurs camerounais est de développer des marques locales de chocolat ou d'autres produits à base de cacao pour les marchés internationaux. L'émergence d'une nouvelle classe moyenne pourrait faciliter la création d'entreprises locales spécialisées dans la transformation et l'exportation de produits à valeur ajoutée, tout en jouant sur l'identité unique et la qualité du cacao camerounais. L'obtention de certifications de qualité telles que Fairtrade, Organic ou UTZ peut permettre aux producteurs d'accéder à des marchés à plus forte valeur ajoutée. Ces certifications leur permettent de vendre à des prix plus élevés tout en respectant les normes internationales de durabilité et de commerce équitable.

Le marché international du cacao est très compétitif, mais les partenariats commerciaux stratégiques, les accords régionaux et l'implication dans les réseaux de producteurs peuvent ouvrir de nouvelles opportunités d'exportation pour le cacao camerounais. En augmentant la production et la transformation locales, les producteurs peuvent non seulement cibler les marchés de l'Union européenne ou des États-Unis, mais aussi renforcer leur présence sur le marché africain.

3. Accélérer l'industrialisation et la transformation locale

La transformation locale du cacao représente une opportunité stratégique pour maximiser la valeur ajoutée et créer des emplois dans les zones rurales. La transformation ne se limite pas à la simple fabrication de produits alimentaires, mais inclut également des innovations dans les secteurs pharmaceutique et cosmétique. L'implantation d'usines de transformation des fèves de cacao en produits finis (poudre de cacao, beurre de cacao, chocolat) au Cameroun permettrait de répondre à la demande croissante de ces produits, tout en créant des emplois locaux. Cela permettrait de réduire les exportations de matières premières non transformées, de générer des bénéfices plus importants pour les producteurs et de stimuler l'industrie locale. Les sous-produits du cacao, tels que les coques ou les tourteaux, peuvent être transformés en produits cosmétiques, pharmaceutiques ou alimentaires. La recherche et l'innovation dans ce domaine sont des leviers importants pour diversifier les sources de revenus et exploiter de nouvelles niches économiques.

L'utilisation des déchets agricoles pour produire du biogaz ou de la biomasse pourrait non seulement réduire l'empreinte environnementale du secteur, mais aussi offrir aux producteurs une alternative d'énergie renouvelable pour leur activité.

4.   Développement du tourisme rural et cacaoyer

Une autre opportunité pour l'expansion de la nouvelle classe moyenne dans le secteur du cacao est le développement du tourisme rural et écologique, qui peut attirer les investisseurs étrangers et les touristes locaux tout en diversifiant les revenus des producteurs. La promotion de circuits touristiques autour des exploitations cacaoyères, comprenant des visites de plantations, des ateliers de transformation du cacao ou des dégustations de chocolat, peut attirer des touristes nationaux et internationaux. Cela permettrait de valoriser les paysages agricoles et d'ajouter une source de revenus supplémentaire pour les producteurs. Le cacao étant au cœur de la culture camerounaise, le tourisme gastronomique autour des produits locaux, y compris les démonstrations de fabrication de chocolat et d'autres spécialités à base de cacao, pourrait devenir un vecteur de développement économique pour les zones rurales.

5.   Améliorer la gouvernance et les politiques d'appui

L'émergence d'une nouvelle classe moyenne dans la filière cacao est également une opportunité pour réformer la gouvernance du secteur et mieux orienter les politiques publiques en faveur de la durabilité et de l'inclusion. Le renforcement des politiques agricoles et l'extension des subventions à la transformation locale, ainsi que l'amélioration des infrastructures rurales, sont des leviers pour favoriser l'expansion et la diversification de la filière cacao.

Encourager l'innovation technologique (agriculture de précision, blockchain pour la traçabilité, nouvelles méthodes de transformation) par le biais de partenariats public-privé et de programmes de subventions pourrait également soutenir la diversification du secteur et de la classe moyenne qui en dépend. Les possibilités d'expansion et de diversification pour la nouvelle classe moyenne dans le secteur du cacao sont nombreuses et variées. De la diversification des cultures et de l'intégration dans les chaînes de valeur, à la transformation locale et au développement du tourisme rural, ces opportunités offrent un potentiel considérable d'augmentation de la rentabilité et de la durabilité du secteur. En tirant parti de ces leviers, les producteurs de cacao de la classe moyenne peuvent non seulement renforcer leur position économique, mais aussi contribuer à un développement rural inclusif et durable. Les réformes politiques, le soutien à l'innovation et une meilleure intégration des marchés sont essentiels pour permettre à cette classe moyenne de capitaliser sur ces opportunités d'expansion et de diversification.

Conclusion générale

L'émergence de la nouvelle classe moyenne dans la filière cacao au Cameroun représente une dynamique socio-économique majeure, marquée par des changements importants dans les structures agricoles, les relations sociales et les opportunités de développement. Cette évolution est alimentée par un ensemble de facteurs, allant de l'augmentation des revenus des producteurs à l'amélioration des conditions de travail, en passant par la transformation des stratégies agricoles. Néanmoins, la classe moyenne émergente dans le secteur du cacao est confrontée à des défis économiques, sociaux, politiques et environnementaux complexes.

Tout d'abord, la transformation de la filière cacao s'inscrit dans un cadre plus large de diversification agricole et de modernisation des pratiques culturales. L'accès à de nouvelles technologies, à une meilleure formation et à des ressources financières a permis à certains producteurs de s'orienter vers de nouvelles formes de gestion des exploitations. L'essor de la nouvelle classe moyenne est également soutenu par des initiatives visant à améliorer les conditions de vie des producteurs, notamment par l'accès à des infrastructures de qualité et à des marchés plus lucratifs. Toutefois, cette classe moyenne est confrontée à des inégalités persistantes au sein des communautés rurales, à la fragmentation des richesses et à un accès limité aux services publics et aux possibilités de financement.

Le développement de cette classe moyenne offre de nombreuses opportunités, notamment à travers la diversification des activités agricoles, l'intégration dans les chaînes de valeur régionales et internationales, et la création de produits à haute valeur ajoutée. La transformation locale du cacao, l'amélioration des pratiques agricoles durables et le soutien à l'agrotourisme sont des leviers importants pour développer le secteur et créer des emplois dans les zones rurales. Néanmoins, ces opportunités doivent être accompagnées d'une vision politique claire, axée sur l'inclusion, la gouvernance et l'innovation, afin de garantir la durabilité du modèle et d'éviter la marginalisation des petits producteurs.

L'impact socio-économique de l'émergence de cette nouvelle classe moyenne est également significatif. En améliorant les conditions de vie des producteurs de cacao, cette classe moyenne joue un rôle clé dans la réorganisation des relations sociales et la transformation des structures communautaires. Cependant, pour que ces changements profitent à l'ensemble des acteurs de la filière, il est indispensable de mettre en place des politiques de développement local plus inclusives, des systèmes de financement accessibles et des programmes d'éducation adaptés aux réalités des zones rurales.

Enfin, bien que des défis subsistent en termes de gouvernance, d'accès à l'éducation et à la formation, et de diversification des sources de revenus, les perspectives de croissance restent prometteuses. En s'appuyant sur des stratégies de développement durable, une meilleure gestion des ressources naturelles et une adaptation continue aux nouvelles réalités économiques et sociales, la filière cacao peut devenir un véritable moteur de développement pour le Cameroun, avec une classe moyenne solide et dynamique jouant un rôle de premier plan dans la transformation des communautés rurales et du pays dans son ensemble.

Ainsi, l'émergence de cette nouvelle classe moyenne dans la filière cacao va au-delà d'une simple dynamique économique ; elle représente une opportunité stratégique pour l'évolution du secteur agricole et le renforcement de la résilience des zones rurales face aux défis du développement. Construire un avenir plus juste et plus durable pour la filière cacao au Cameroun nécessitera un appui continu à la transformation de l'agriculture, une meilleure intégration des acteurs sociaux et une réflexion approfondie sur les politiques agricoles et sociales.

References bibliographique

Adam, N. S., Temple, L., Mathé, S., & Canto, G. B. (2023). Trajectoires et services supports d'innovations agroécologiques dans un pays en développement. *Économie rurale*, *386*(4), 45-66.

Alary, V., & Boussard, J. M. (2025). Actualisation, risque et cacao. Les insuffisances de la théorie. *Économie rurale*, *259*, 64-74.

Cerny, C. (2024). Quantification des stocks de carbone et évaluation de la biodiversité ligneuse des cacaoyères agroforestières de l'Ouest de la Côte d'Ivoire (Man, district des montagnes).

Cilas, C. (2001). Projets de recherche sur la protection des cacaoyères camerounaises: mission au Cameroun du 19 au 29 novembre 2001.

Foko, E. (2025). La pratique du prêt avec remise de gage. Instrument de financement en milieu rural au Cameroun. *Économie rurale*, *241*, 43-47.

Gentils, L. (2023). *Caractérisation d'un" cacao d'agroforêt" originaire d'Afrique centrale* (Doctoral dissertation, AgroParisTech).

Lescuyer, G., & Gentils, L. (2024). Compte-rendu de l'atelier proposé par le CICC et le CIRAD. Quelle norme pour un" cacao agroforestier" originaire du Cameroun? Yaoundé, 10-11 janvier 2024.

Nkamleu, G. B., & Coulibaly, O. (2025). Le choix des méthodes de lutte contre les pestes dans les plantations de cacao et de café au Cameroun. *Économie rurale*, *259*, 75-85.

www.ingramcontent.com/pod-product-compliance
Lightning Source LLC
Chambersburg PA
CBHW061332220326
41599CB00026B/5155